SHUIDIAN JIZU JIANXIU XITI JINGXUAN

水电机组检修习题精选

华电电力科学研究院有限公司　组编

中国电力出版社

CHINA ELECTRIC POWER PRESS

内 容 提 要

本书从水电机组检修的角度出发，对相关理论知识及现场实际操作进行总结归纳，以习题方式呈现，并对所选习题进行了精选。习题涉及水轮机检修、发电机检修、水轮机调速器及油水气系统检修等相关内容。

本书共分为五章，分别为安全综合、水轮发电机组本体、调速器及油水气系统、水工金属结构和案例分析。每章按照题型结构，分为判断题、单选题、多选题、填空题、简答题，并适当设置了计算题。案例分析以综合形式体现，试题范围较广泛，基本涵盖水电机组检修的全部内容。

本书可作为水电机组检修、生产运行和管理人员培训学习，以及相关人员考核选拔使用。

图书在版编目（CIP）数据

水电机组检修习题精选 / 华电电力科学研究院有限公司组编. —北京：中国电力出版社，2022.6

ISBN 978-7-5198-6752-2

Ⅰ. ①水… Ⅱ. ①华… Ⅲ. ①水轮发电机–机组–检修–习题集 Ⅳ. ①TM312.07-44

中国版本图书馆 CIP 数据核字（2022）第 077704 号

出版发行：中国电力出版社
地　　址：北京市东城区北京站西街 19 号（邮政编码 100005）
网　　址：http://www.cepp.sgcc.com.cn
责任编辑：刘汝青（22206041@qq.com）　董艳荣
责任校对：黄　蓓　马　宁
装帧设计：赵姗姗
责任印制：吴　迪

印　　刷：三河市万龙印装有限公司
版　　次：2022 年 6 月第一版
印　　次：2022 年 6 月北京第一次印刷
开　　本：880 毫米×1230 毫米　32 开本
印　　张：4.5
字　　数：101 千字
印　　数：0001—1000 册
定　　价：28.00 元

《水电机组检修习题精选》
编 委 会

主　　编　张征正　杨　映

副主编　潘利坦　王　磊　刘　杰

编写人员　汪大全　王利杰　郑程之

　　　　　李宜燃　李林伟　白光辉

　　　　　孟　鹏　王志和　王鸿腾

　　　　　许永强　孙　波　刘密富

　　　　　龚　科　杨乾鸿　田维青

　　　　　李　垒　赖碧云

2021 年 1 月 25 日，习近平主席在世界经济论坛"达沃斯议程"对话会上发表特别致辞：中国将全面落实联合国 2030 年可持续发展议程。中国将加强生态文明建设，加快调整优化产业结构、能源结构，倡导绿色低碳的生产生活方式。中国力争于 2030 年前二氧化碳排放达到峰值、2060 年前实现碳中和。鉴于此，我国水电行业必将迎来新的发展机遇，也面临巨大的挑战。随着水电机组的容量和规模不断扩大，以及涉及水电机组检修相关的国家、行业标准规范的更新，对水电机组检修提出了更高的要求。

为进一步规范、加强和提升水电机组检修管理，提升相关专业人员的整体素质，培养能够满足水力发电厂检修工作需求的人才队伍，确保水力发电厂安全、可靠、高效运行，特组织编写本书。

本书主要依据国家、行业相关的法律法规和标准规范要求，并结合水电机组检修现场的实际情况，主要分为安全综合、水轮发电机组本体、调速器及油水气系统、水工金属结构和案例分析五章。

本书内容丰富，题型分为判断题、单选题、多选题、填空题、简答题，并适当设置了计算题，形式灵活多样，适用于水电机组检修、生产运行和管理人员培训学习，以及相关人员考核选拔使用。

由于水电机组检修标准和技术创新更新较快，加之编者水平有限，书中不妥之处在所难免，恳请广大读者提出宝贵意见。

编　者

2022 年 2 月

水电机组检修习题精选

目 录

第一章

安 全 综 合

一、判断题

1. 任何人进入生产现场（包括厂房、控制室、检修班组室），必须正确佩戴合格的安全帽，安全帽必须系好。　　　　（×）

2. 在检修工作中如需将盖板取下，必须装设牢固的硬质围栏和明显的安全警示标志，必要时在夜间应设置安全警示灯，在工作结束后应立即将盖板恢复。　　　　（√）

3. 安装在离地面大于或等于20m的平台、通道及作业场所的防护栏高度不低于1.05m。　　　　（×）

4. 进入引水洞、蜗壳、尾水管等相对受限场所，以及地下厂房等空气流动性差的场所作业，必须事先进行通风，并测量氧气、一氧化碳等气体的含量，确认不会发生缺氧、中毒后方可开始作业。作业时必须在外部设有监护人，随时与进入内部的人员保持联系。进出人员应登记。　　　　（√）

5. 机组检修时可将电缆沟或电缆隧道作为地面冲洗水等其他排水的排水通道。　　　　（×）

6. 在设备完全停止，并做好可靠的安全措施前，不准进行检修工作。设备检修前，应做好防止突然转动的安全措施。　　　　（√）

7. 禁止在运行中清扫、擦拭设备的旋转和移动部分。禁止将手或其他物体伸入设备保护罩及栅栏内。　　　　（√）

8. 现场的临时照明线路应经常检查维护。照明灯具的悬挂高度应离工作面 2.5m 以上，低于 2.5m 时应设保护罩。（√）

9. 事故抢修工作（指生产主、辅设备等发生故障被迫紧急停止运行，需要立即恢复的抢修和排除故障的工作）可不填用工作票，但必须经值长同意，在做好安全措施的情况下方可进行工作。　　　　　　　　　　　　　　　　　　　（√）

10. 在危及人身和设备安全的紧急情况下，经值长许可后，可以没有工作票即进行处置，但必须由运行班长（或值长）将采取的安全措施和没有工作票而必须进行工作的原因记在运行日志内。　　　　　　　　　　　　　　　　　　　（√）

11. 一份工作票中，工作票签发人、工作负责人和工作许可人三者可相互兼任。　　　　　　　　　　　　（×）

12. 一个工作负责人不得在同一现场作业期间内担任两个及以上工作任务的工作负责人或工作组成员。　　　（√）

13. 一台机组的机械部分或一个管路系统检修工作，若能全部有效采取隔离、消压、排水等安全措施时，可以签发一份工作票，在全部工作期间有效。　　　　　　　（√）

14. 工作票的有效期，以值长批准的工作期限为准。工作任务不能按批准时间完成时，工作负责人应在批准结束时间前 2h 向工作许可人申明理由，办理延期手续，延期手续只能办理一次。两天及以上的工作应在批准期限前一天办理延期手续。　　　　　　　　　　　　　　　　　　　　（√）

15. 在防火重点部位或场所以及禁止明火区动火作业，应填用动火工作票，办理动火工作票应在履行检修工作票（主票）

手续之后或同时进行。　　　　　　　　　　　　　（√）

16. 一级动火时，动火部门负责人或技术负责人、消防监护人、单位安监人员应始终在现场监护。　　　　　（√）

17. 设备操作分为监护操作、单人操作两种。　　　（√）

18. 在箱、槽、罐、地坑（沟）、隧道等限定空间内作业，可采用输送氧气的方法通风换气。　　　　　　　（×）

19. 锉刀、手锯、木钻、螺钉旋具等没有手柄的不准使用。
　　　　　　　　　　　　　　　　　　　　　　　（√）

20. 使用无齿锯、磨光机时，操作人员可不戴防护面罩，但应远离其他人员和易燃、可燃物品，现场应设置围栏或设置警示标志，禁止无关人员逗留。　　　　　　　（×）

21. 用喷灯工作时，在缺少煤油或酒精的情况下，可临时使用汽油代替。　　　　　　　　　　　　　　　　（×）

22. 安全工器具应有铭牌和产品使用许可证、出厂试验合格证、产品鉴定合格证以及使用说明书，特种作业工器具还应有劳动防护用品安全标志。　　　　　　　　　　（√）

23. 电气工器具应由专人保管，每一年测量一次绝缘。
　　　　　　　　　　　　　　　　　　　　　　　（×）

24. 在潮湿、含有酸类的场地、金属容器内和狭窄场所工作时，必须使用 24V 以下的电气工具，或选用Ⅱ类手持式电动工具，并装设额定动作电流不大于 15mA、动作时间不大于 0.1s 的剩余电流动作保护器。　　　　　　　　　　　（√）

25. 在盛过可燃物品及可能产生可燃气体的容器内部或外部进行明火作业时，应先打开盖子，用热碱水等冲洗干净后方可进行。　　　　　　　　　　　　　　　　　（√）

26. 起重用的钢丝绳，磨损部分超过 40% 即要报废；磨损

部分在 40% 以下，还可以正常使用。 （×）

27. 起重用的钢丝绳、绳索、滑车等应在使用前进行检查、试验，钢丝绳的安全系数应按有关安全规程要求选用。（√）

28. 遇有电气设备着火，应立即进行救火。 （×）

29. 所有电气设备的外壳均应有良好的接地装置。 （√）

二、单选题

1. 水力发电厂在水力机械、设备、系统上进行安装、检修、维护、试验工作，需要对设备、系统采取安全措施的或需要运行人员在运行方式、操作调整上采取保障人身、设备安全措施的，使用_____。（A）

A. 水力机械工作票　　　　B. 水力机械操作票

C. 动火工作票　　　　　　D. 动土作业票

2. _____应由运行值班负责人担任，有能力正确执行、检查安全措施的独立值班人员也可担任，但只能担任本岗位管辖范围内设备、系统检修的工作许可人，并经专门考试合格。（B）

A. 工作负责人　　　　　　B. 工作许可人

C. 值班负责人　　　　　　D. 工作监护人

3. 一级动火区是指火灾危险性很大，发生火灾时后果严重的防火重点部位。以下区域为一级动火区的是_____。（D）

A. 控制室、调度室、继保室、档案室、计算机室及通信机房

B. 油管道支架及其支架上的其他管道

C. 有可能造成火花飞溅落至易燃易爆物体（包括电缆）附近的动火区域

D. 储存过可燃气体、易燃液体的容器及与此连接的系统和辅助设备等

4. 一级动火工作的过程中，应每隔_____min 测定一次现场可燃气体、易燃液体的可燃蒸气含量是否合格，当发现不合格或异常升高时应立即停止动火，在未查明原因或排除险情前不得重新动火。（B）

A. 10　　　　　　　　　　B. 15

C. 25　　　　　　　　　　D. 30

5. 特别重要和复杂的系统切换、隔离操作，由两人进行同一项操作，一般应由正值班员为操作人，值班负责人为监护人，此类操作属于_____。（B）

A. 单人操作　　　　　　　B. 监护操作

C. 双人操作　　　　　　　D. 多人操作

6. 对于无专门的阀门进行泄压的管路或设备，可通过拧松管道或阀门的法兰盘螺栓进行泄压。泄压时，可将法兰盘上螺栓松开，使存留的水、气等从对面缝隙排出，以防尚未放尽的水、气伤害工作人员。松螺栓的方式应采取_____。（A）

A. 先把法兰盘上远离身体一侧的螺栓松开，再略松近身体一侧的螺栓

B. 先把法兰盘上近身体一侧的螺栓松开，再略松远离身体一侧的螺栓

C. 先把法兰盘上方一侧的螺栓松开，再略松下方一侧的螺栓

D. 把法兰盘上的所有螺栓同步缓慢松开

7. 设备检修需要断开电源时，应在已拉开的断路器、隔离开关和检修设备控制开关的操作把手上设置"_____"的标志

牌。（B）

　　A. 禁止操作，有人工作　　　　B. 禁止合闸，有人工作

　　C. 止步，高压危险　　　　　　D. 禁止通行，施工现场

　　8. 砂轮机必须装有用钢板制成、有足够强度的防护罩。防护罩的开口角度不超过_____，其中轮轴水平中心线以上不应大于_____。砂轮应使用法兰盘固定，法兰盘的直径应大于砂轮直径的 1/3。（A）

　　A. 90°，65°　　　　　　　　B. 65°，90°

　　C. 90°，90°　　　　　　　　D. 65°，65°

　　9. 在从事可能造成触电、灼伤、坠落、摔跌、物体打击等工作时，必须使用_____。（C）

　　A 安全带　　　　　　　　　　B. 安全帽

　　C. 安全工器具　　　　　　　　D. 绝缘手套

　　10. 安全带在使用前应进行检查，并应_____定期按批次进行静荷重试验；试验荷重为 225kg，试验时间为 5min，试验后检查是否有变形、破裂等情况，并做好记录。不合格的安全带应及时处理。（C）

　　A. 每隔 2 个月　　　　　　　　B. 每隔 4 个月

　　C. 每隔 6 个月　　　　　　　　D. 每隔 12 个月

　　11. 使用安全带时_____，挂钩和绳子应挂在牢固的构件上或专为挂安全带用的钢架或钢丝绳上，禁止挂在移动或不牢固的物件上。（B）

　　A. 低挂高用　　　　　　　　　B. 高挂低用

　　C. 平挂平用　　　　　　　　　D. 以上都可以

　　12. 在潮湿或周围均是金属导体的场所和容器内，以及有爆炸危险的场所工作时，使用行灯的电压不应超过_____V。（A）

A. 12   B. 24

C. 36   D. 110

13. 凡在离坠落基准面_____m 及以上的地点进行的工作，都应视作高处作业。（C）

A. 1.2   B. 1.5

C. 2   D. 3

14. 担任高处作业人员必须身体健康，应_____进行一次体检。患有精神病、癫痫病，经医师鉴定患有高血压、心脏病等不宜从事高处作业病症的人员，不准参加高处作业。凡发现工作人员有饮酒、精神不振时，禁止登高作业。（C）

A. 每月   B. 每半年

C. 每年   D. 每两年

15. 工作票的有效期，以值长批准的工作期限为准。工作任务不能按批准时间完成时，工作负责人应在批准结束时间前_____h向工作许可人申明理由，办理延期手续，延期手续只能办理一次。两天及以上的工作应在批准期限前_____h办理延期手续。（A）

A. 2，24   B. 4，12

C. 6，24   D. 4，24

16. 二级动火工作票的有效期为_____，超过有效期应重新办理动火工作票。（B）

A. 一天   B. 三天

C. 七天   D. 无限制

17. 一级动火票的时限是_____h。（C）

A. 72   B. 48

C. 24   D. 12

18. 为保证工作安全性，工作开工前除办理工作票外，工作组成员还应进行必要的_____。（B）

A. 请示 　　　　　　　　B. 危险点分析

C. 汇报 　　　　　　　　D. 安全手续

19. 在生产现场进行检修或安装工作时，为了保证安全的工作条件和设备的安全运行，防止发生事故，发电厂各分厂有关的施工基建单位，必须严格执行_____制度。（A）

A. 工作票 　　　　　　　B. 操作监护

C. 检查 　　　　　　　　D. 监护制度

20. 工作人员接到违反安全规程的命令，应_____。（A）

A. 拒绝执行 　　　　　　B. 认真执行

C. 先执行，后请示 　　　D. 先请示，后执行

21. 发电企业应按照_____原则安排好每年的检修工作，避免出现欠修、过修、设备长期带病运行和超检修周期服役等情况。（B）

A. "预防为主、计划检修"

B. "应修必修，修必修好"

C. "预防为主、状态检修"

D. "可修即修、修必修好"

三、多选题

1. 设备检修前，应做好防止突然旋转的安全措施，包括_____。（ABCD）

A. 切断电源（电动机的断路器、隔离开关或熔丝应拉开或取下，断路器控制电源的熔丝也应取下）

B. 切断油、气、水源，关闭有关闸板、阀门等，必要时应

加装堵板，并上锁

C. 有关闸板、阀门上设置"禁止操作，有人工作！"安全警示标志牌

D. 检修工作负责人在工作前，必须对安全措施进行检查，确认措施到位无误

2. 保证安全的组织措施有_____。（ABCD）

A. 工作票制度　　　　　　　B. 工作许可制度

C. 工作监护制度　　　　　　D. 操作票制度

3. 工作结束前如遇_____情况，应重新签发工作票，并重新履行工作许可手续。（ABCD）

A. 需要将部分检修设备投入运行时

B. 值班人员发现检修人员严重违反 GB 26164.1《电业安全工作规程　第 1 部分：热力和机械》或工作票内所填写的安全措施，制止检修人员工作并将工作票收回时

C. 必须改变检修与运行设备的隔断方式或改变工作条件时

D. 检修工作延期一次后仍不能完成，需要继续延期者

4. 工作票签发人必须具备的条件有_____。（ABCD）

A. 熟悉设备系统及设备性能

B. 熟悉 GB 26164.1《电业安全工作规程　第 1 部分：热力和机械》的有关部分

C. 掌握人员安全技术条件

D. 了解检修工艺、经专门考试合格

5. 工作负责人应由在业务技术和组织能力上均能胜任工作任务，并能保证工作安全和质量的人员担任。实习人员不能担任工作负责人。工作负责人必须具备的条件有_____。（ABCD）

A. 熟悉 GB 26164.1《电业安全工作规程　第 1 部分：热

力和机械》的有关部分

B. 掌握检修设备情况（如结构、性能等）和与检修设备有关的系统

C. 掌握安全施工方法、检修工艺和质量标准

D. 经专门考试合格

6. 处理事故的"四不放过"原则是：事故原因没有查清不放过；事故责任者没有严肃处理不放过；＿＿＿＿＿。（AC）

A. 应受教育的没有受到教育不放过

B. 生产尚未恢复不放过

C. 防范措施没有落实不放过

D. 责任班组没有考核不放过

7. 工作现场发生电气火灾时，应先切断电源，再用＿＿＿＿＿灭火器进行灭火，防止发生触电事故。（AD）

A. 1211　　　　　　　　　B. 泡沫

C. 四氯化碳　　　　　　　D. 二氧化碳

8. 任何人进入＿＿＿＿＿，应戴安全帽。（BC）

A. 控制室　　　　　　　　B. 开关站

C. 水轮机层　　　　　　　D. 检修班组室

9. 对可能带电的电气设备着火时，应使用＿＿＿＿＿。（ABC）

A. 干式灭火器　　　　　　B. 二氧化碳灭火器

C. 1211 灭火器　　　　　　D. 泡沫灭火器

10. 在生产现场工作时，禁止＿＿＿＿＿。（BCD）

A. 戴安全帽　　　　　　　B. 穿凉鞋

C. 穿尼龙的衣服　　　　　D. 戴围巾

11. 下列操作中，必须填用水力机械操作票的是＿＿＿＿＿。（BCD）

A. 机组的开机与停机

B. 油压装置手动补气

C. 机组手动刹车操作

D. 进水口快速闸门的正常开启、关闭操作

12. 保证安全的技术措施包括_____。（ABCD）

A. 停电

B. 隔离

C. 泄压、通风

D. 设置标志牌、加锁和装设遮栏（围栏）

13. 电焊工应备有的防护用具包括_____。（ABCD）

A. 有滤光镜的手把面罩和套头面罩，护目镜片

B. 电焊手套、工作服

C. 橡胶绝缘鞋

D. 清除焊渣用的白光眼镜（防护镜）

14. 下列项目中应填入水力机械操作票内的是_____。（BCD）

A. 切换保护回路和安全自动装置

B. 应关闭或开启的油、水、气等系统的阀（闸）门

C. 应打开的泄压阀（闸）门

D. 按 GB 26164.1《电业安全工作规程　第 1 部分：热力和机械》规定应加锁的阀（闸）门

15. 以下选项符合《中国华电集团公司水电与新能源检修管理办法（试行）》对检修间隔的一般规定的是_____。（ABC）

A. 多泥沙河流水电站水轮发电机组为 4～6 年

B. 非多泥沙河流水电站水轮发电机组为 6～8 年

C. 主变压器可根据运行情况和试验结果或厂家要求确定，一般为 10 年

D. 机组在一个 A 级检修间隔内年平均启停次数大于 1000 次为 4～6 年

四、填空题

1. 进入电厂生产现场（办公室、控制室、值班室、检修班组除外），应正确佩戴<u>合格的安全帽</u>，应穿着<u>材质合格</u>的工作服，衣服和袖口必须扣好，着装不应有可能被转动设备绞住或卡住的部分。

2. 在水力机械设备和水工建筑物上工作，保障安全的技术措施是<u>停电</u>、<u>隔离</u>、<u>泄压</u>、<u>通风</u>、设置安全警示标志牌、加锁和装设遮拦（围栏）。

3. 一级动火工作过程中，应每隔<u>15min</u>测定一次现场可燃气体、易燃液体的可燃蒸汽含量是否合格，当发现不合格或<u>异常升高</u>时应立即停止动火，在查明原因或排除险情前不得重新动火。

4. 进、出贯流式机组灯泡头或内筒体时必须使用<u>安全带</u>和<u>防坠器</u>。

5. 蜗壳、转轮室、尾水管等内部的行灯电压不得超过<u>12V</u>。特殊情况下需要在上述区域加强照明时，应装设额定动作电流不大于 <u>15mA</u>、动作时间不大于 <u>0.1s</u> 的剩余电流保护装置。

6. 进入进水口钢管、蜗壳、转轮室和尾水管等危险部位工作时，应有<u>2</u>人以上，并做好防滑、防坠落、防止<u>导叶和桨叶</u>转动的措施，必要时应使用安全带，有足够照明并备带手电。

7. 在导叶区域内、接力器或调速环拐臂处工作时，必须切断<u>操作油压</u>，并在调速器和供油阀门上设置"<u>禁止操作　有人工作</u>"的警示标志牌。必要时，泄掉调速系统压油罐油压。

8. 调速系统调试动作时，各活动部位（活动导叶之间、转轮桨叶、<u>控制环</u>、双联臂、<u>拐臂</u>等处）严禁有人工作或穿行。严禁将头、手脚伸入<u>转动部件</u>活动区域内。调试期间应做好人员分工并保证<u>通信畅通</u>，水车室和蜗壳内应有足够的照明，入口处应做好防止人员进入的安全措施和设置"<u>禁止入内</u>"的警示标志牌，并有专人监护。

9. 进入水轮发电机内部安装传感器前，除做好电气方面安全措施外，还应做好防止<u>转子转动</u>的措施，并可靠切断各油、水、气源。

10. 进入引水压力钢管、蜗壳、转轮室或尾水管内部时，工作照明应使用<u>充电式移动照明灯</u>。

五、简答题

1. 导叶开度测量工作应遵守哪些注意事项？

答：（1）无关人员应撤离工作现场，并做好防止人员误入蜗壳工作面、水车室及转动部分的安全措施并设置"禁止入内"的警示标志牌。

（2）调速器应切至"手动"状态，并切除与调速器动作有关的所有电气回路，关闭机械过速保护装置供油阀。

（3）调速器柜与蜗壳之间应设可靠的通信手段，蜗壳工作面应指定专门负责人，调速器主油阀设专人监视，操作应听从工作负责人的指令，测量时应关闭调速器主油阀。

（4）整个测量过程中，测量人员身体任何部位不准进入两导叶之间，并设专人监护。各部位测量工作结束后，工作负责人确认测量人员全部退至安全位置后，再进行下一工况操作测量工作。

（5）接力器行程测量人员，不得站在拐臂、调速环等转动部分上，以防摔倒或被挤伤。

2. 进入发电机内部工作应遵守的事项有哪些?

答：（1）进入发电机内部的工作人员，应取出随身物品，不得穿带有钉子的鞋。工作时必须穿着工作服，衣服和袖口必须扣好。

（2）进入发电机内部所带入的工具、材料要详细登记，工作结束时要清点，不得遗漏。

（3）不准踩踏发电机定子线棒绝缘盒及连接梁、汇流排、转子磁极和引线等绝缘部件。

（4）在发电机内部进行电焊、气割等工作时，应做好防火措施，并备足灭火器。在发电机定子上部电焊时电焊渣、铁屑不得掉入发电机内部。凿下的金属、电焊渣、残剩的焊头等杂物应及时清理干净。

3. 检修工作终结前，设备进行送电试运，应遵守哪些规定?

答：（1）应履行设备试运申请手续，工作负责人提出试运理由及要求。

（2）全体工作人员撤离工作地点。

（3）将该系统的所有工作票收回，撤除试运设备检修工作票有关安全措施（接地线、安全警示标志牌及检修自理的安全措施等），恢复常设遮栏。严禁不收回工作票，以口头方式联系试运设备。

（4）工作负责人和运行值班人员应进行全面检查，确认符合送电条件后，由运行值班人员进行送电试运。

（5）试运后尚需继续工作时，应重新布置安全措施，并履行工作许可手续。如需要改变原工作票安全措施，应重新签发工作票。

4. 工作票中工作负责人的主要职责有哪些？

答：（1）正确安全地组织工作，对工作人员给予必要指导。

（2）工作前对工作班成员交代工作任务及工作的危险点、安全措施和注意事项，督促所有工作班成员在工作票相应栏内确认签名；结合实际对工作班成员进行安全思想教育。

（3）督促、监护工作班成员遵守 GB 26164.1《电业安全工作规程　第 1 部分：热力和机械》和现场安全措施。

（4）检查工作票所列安全措施、注意事项是否正确完备，会同工作许可人检查所有安全措施的执行情况，达到全过程安全检修工作条件，符合现场实际。

（5）确认工作班成员精神状态是否良好，工作班成员变更是否合适。

5. 工作票中值班负责人的主要安全职责有哪些？

答：（1）接收工作票。

（2）审查工作的必要性。

（3）审查工作票所列工作负责人、工作票签发人是否具备资格。

（4）审查工作任务内容是否填写详细、清楚，设备名称和设备编号是否正确，工作地点是否明确。

（5）审查计划工作时间是否超过批准的检修时间。

（6）审查工作票所列安全措施、注意事项是否正确完备。

6. 吊物件时，捆绑操作要点是什么？

答：（1）根据物件的形状及重心位置，确定适当的捆绑点。

（2）吊索与水平平面间的角度，以大于 45° 为宜。

（3）捆绑有棱角的物件时，物体的棱角与钢丝绳之间要垫东西。

（4）钢丝绳不得有拧扣现象。

（5）应考虑物件就位后，吊索拆除是否方便。

第二章

水轮发电机组本体

一、判断题

1. 焊接时可能产生焊接应力和焊接变形，但可以避免。
（×）

2. 逆时针旋转，旋入的螺纹为右螺纹。 （×）

3. 零件图是指导生产组织活动的依据，是加工制造和检验零件的重要技术文件。 （√）

4. 任何一种热处理工艺都由加热、冷却两个阶段所组成。
（×）

5. 作用在物体上某点的力沿其作用线移到物体上任意点，并不改变此力对物体的作用效果。 （√）

6. 水轮机导轴承，发电机上、下导轴承，推力轴承，发电机定子绕组和铁芯，油槽内，空气冷却器的进、出口处，都应安装有温度信号传感器。 （√）

7. 如果用水轮机的设计工况下动态真空值除以设计水头来计算所得数值，则为设计工况下的空化系数。 （√）

8. 水泵是把机械能转换成水的势能的一种设备。 （×）

9. 混流式水轮机减压装置的作用是减少作用在转轮上冠

上方的轴向水推力，以减轻水导轴承负荷。 （×）

10. 齿轮一般用主视图和左视图（或局部视图）两个视图表达。 （√）

11. 零件图至少包括一组图形、一组尺寸、技术要求和标题栏等内容。 （√）

12. 由于钻孔工件的材料、形状、大小各不相同，因而必须根据实际情况，采取相应的钻孔方法。 （√）

13. 通常用容积法和超声波法测量导叶漏水量。 （√）

14. 水轮机组定期检查是在停机的情况下，定期对设备的运行状态进行检查，以便及时掌握情况，为检修积累必要的资料。（×）

15. 主阀的设计运行条件为动水开启、动水关闭。 （×）

16. 反击式水轮机的能量转换主要是水力势能的转换。 （√）

17. 静水压强方向必然是水平指向作用面的。 （×）

18. 实践证明，混流式水轮机叶片粗糙度、波浪度、尺寸、形状、进出水边厚度是否符合设计要求，将对水轮机性能产生不同程度的影响。 （√）

19. 混流式水轮机转轮通常在叶片与上冠和下环的联结处易产生裂纹，而轴流转桨式水轮机转轮则易在叶片与枢轴法兰的过渡段产生裂纹。 （√）

20. 水轮机空化系数 σ 与水轮机的工作水头有关。 （√）

21. 水轮机工作参数是表征水流通过水轮机时，水流的能量转换为转轮的机械能过程中的一些特性数据。 （√）

22. 水轮机导轴承油位升高的原因之一是轴承内冷却水管漏水。 （√）

23. 当发生抬机时，会导致水轮机叶片的断裂、顶盖损坏等，也会导致发电机电刷和集电环的损坏，发电机风扇损坏而

甩出，引起发电机烧损等恶性事故。 （✓）

24. 水轮机转速越高，水轮机能量特性越差。 （✗）

25. 当水轮机变工况运行时，导水机构中的水力损失主要是导叶端部的撞击损失，它与冲角$\Delta\alpha$成正比。 （✓）

26. 经常了解、检查设备和系统状况，及时消除设备缺陷是检修机构的基本职责之一。 （✓）

27. 轴流转桨式水轮机叶片自 0 位置向开侧旋转为负角。

（✗）

28. 转轮体内的油压是受油器以下的油柱高度和转轮旋转时所产生的离心力两种因素造成的。 （✓）

29. 如果水轮机工作水头高，流量大，则水轮机水流速度三角形中的绝对速度就小。 （✗）

30. 静态真空 H_S 与水轮机转轮相对于尾水位的安装位置无关，与水轮机本身有关。 （✗）

31. 利用倒链起吊水导油盆盆体时，允许多人拉倒链。 （✗）

32. 铰刀插入后应与孔的端面保持垂直，铰孔的走刀量要比钻孔稍小些，铰削速度要比钻削大些。 （✗）

33. 表面粗糙度对零件的耐磨、抗疲劳、抗腐蚀能力影响极大。 （✓）

34. 水流在转轮内的水力损失主要是容积损失。 （✗）

35. 水轮机转轮止漏环间隙不均匀会引起水轮机振动。（✓）

36. 当尾水位较低，即尾水位高程比混流式水轮机转轮的安装高程略低，尾水管中经常处于负压，在此情况下多采用自然补气方式。 （✓）

37. 发电机检修应在定期检修的基础上，根据设备技术状况，结合部件的磨损、劣化和老化规律，逐步扩大状态检修的

比例，缩短检修停用时间。　　　　　　　　　　（√）

38．管阀拆卸前，先排余压，并注意排除残余介质流，与检修相关管路或基础拆除后露出的孔洞应及时进行有效封堵。　（√）

39．拆卸时各组合面加垫的厚度、密封条大小应做好记录，装复时采用原规格的垫片、盘根；对由密封件造成渗漏的应重新计算，确定密封件规格型号。　　　　　　　　　　（√）

40．装复时，易进水的或潮湿处的螺栓应涂以二硫化钼，各转动部分螺母应点焊或采取其他防松动措施。采取点焊防松措施后，再逐个确认螺栓的紧固情况。　　　　　　（×）

41．装复管路切割密封垫时，其内径应比管路内径稍小。若密封垫直径较大需要拼接时，先削制接口，再黏结。（×）

42．冷却器如有单根冷却铜管破裂，可采用模塞堵死铜管方法处理破损铜管，但堵塞铜管的根数不应超过总根数的 20%，否则应更换冷却器。　　　　　　　　　　　（×）

43．复测定子铁芯高度时，在铁芯背部及其对应齿部位置测量铁芯高度，圆周测点不少于 10 个点。　　　　（×）

44．水轮机组启动试运行前，水轮机转轮及所有部件检验合格，施工记录完整，上、下止漏环间隙或轴流式水轮机转轮叶片与转轮室间隙已检查无遗留杂物。　　　　（√）

45．机组启动试运行前水轮机检查时，导水机构应处于开启状态。　　　　　　　　　　　　　　　　（×）

46．滚动轴承按照承受载荷方向，分为向心轴承和推力轴承。　　　　　　　　　　　　　　　　　　（×）

47．基本尺寸相同的，相互结合的孔和轴公差带之间的关系称为配合。　　　　　　　　　　　　　　（√）

48．水轮发电机按机组布置方式分有立式装置、卧式装置

两种形式。　　　　　　　　　　　　　　　　　（√）

49．中、低速大中型水轮发电机，绝大多数采用立式装置。

（√）

50．立式装置的水轮发电机，按上导轴承装设位置不同，分为悬式和伞型两大类。　　　　　　　　　　　　（×）

51．悬式水轮发电机的推力轴承位于上部机架上，在转子的上方，通过推力头将机组整个旋转部位悬挂起来。　　（√）

52．伞型水轮发电机的推力轴承装设在转子下方的下部机架上或者装置在位于水轮机顶盖上的推力支架上。　　　（√）

53．定子是水轮发电机的旋转部分之一。　　　　　（×）

54．定子机座只承受上部机架以及装置在上部机架上的其他部件质量。　　　　　　　　　　　　　　　　　（×）

55．水轮发电机主轴分为一根轴和分段轴两种结构形式。

（√）

56．水轮发电机推力轴承工作性能的好坏，将直接关系到机组的安全和稳定运行。　　　　　　　　　　　　（√）

57．目前，国内大多数水电站的水轮发电机均采用分块式导轴承。　　　　　　　　　　　　　　　　　　　（√）

58．水轮发电机组的推力轴承，承受整个水轮发电机组转动部分的质量以及水轮发电机的轴向水推力。　　　（√）

59．推力轴承油循环方式有内循环和外循环两种。　（√）

60．判断导轴承性能好坏的标志是能形成足够的工作油膜厚度。　　　　　　　　　　　　　　　　　　　　（×）

61．水轮发电机的冷却效果对机组的经济技术指标没有影响。　　　　　　　　　　　　　　　　　　　　（×）

62．水轮发电机的型号是其类型和特点的简明标志。（√）

63. 推力轴承中油循环方式仅起着润滑作用。　　　（×）

64. 荷重机架主要承受机组的径向负荷。　　　　　（×）

65. 定子的扇形片由 0.05mm 厚的磁导率很高的硅钢片冲制而成。　　　　　　　　　　　　　　　　　　（×）

66. 发电机空气冷却器产生凝结水珠的原因是周围环境空气湿度及温差过大。　　　　　　　　　　　　　　（√）

67. 推力头只起承受并传递水轮发电机组重力的作用。

　　　　　　　　　　　　　　　　　　　　　　（×）

68. 机组开机必须使用高压油顶起装置。　　　　　（×）

69. 机组主轴分段越多，对保障机组轴线质量越有利。

　　　　　　　　　　　　　　　　　　　　　　（×）

70. 贯穿推力轴承镜板、镜面中心的垂线称为机组的旋转中心。　　　　　　　　　　　　　　　　　　　　（√）

71. 混流式机组中心线是定子平均中心与水轮机固定止漏环平均中心的连线。　　　　　　　　　　　　　　（√）

72. 相对摆度是衡量一台机组轴线质量的重要标志。（√）

73. 机组动平衡试验是机组启动时的一个重要试验。（√）

74. 推力轴承甩油属于内甩油。　　　　　　　　　（×）

75. 无特殊要求时，不能随便调整推力瓦的受力。　（√）

76. 发电机的转速大小取决于磁极对数的多少。　　（√）

77. 悬式水轮发电机上机架为荷重机架。　　　　　（√）

78. 镜板是发电机中尺寸精度和表面光洁度要求最高的部件。　　　　　　　　　　　　　　　　　　　　　（√）

79. 磁极挂装在磁轭上，磁轭为发电机磁路的一部分。（√）

80. 推力瓦是推力轴承中的转动部分。　　　　　　（×）

81. 空气冷却器的设置数量由发电机的铜损、铁损和风损

确定。　　　　　　　　　　　　　　　　　　　（√）

82．发电机的上导轴承、下导轴承和推力轴承，常采用油润滑方式。　　　　　　　　　　　　　　　　　（√）

83．发电机飞逸转速越高，对强度要求就越高。　（√）

84．推力轴瓦液压减载装置又称为高压油顶起装置。（√）

85．同步发电机通过转子绕组和定子磁场之间的相对运动，将电能变为机械能。　　　　　　　　　　　　　（×）

86．定子绕组的作用是当交变磁场切割绕组时，便在绕组中产生交变电动势和交变电流。　　　　　　　　　　（√）

87．联轴器的拆卸只能在设备停止运动时进行。　（√）

88．螺纹连接的防松装置，按原理可分为靠摩擦力防松和靠机械方式防松两种。　　　　　　　　　　　　　（√）

89．滚动轴承比滑动轴承冲击载荷的能力大。　　（×）

90．常用的轴承密封装置有毡圈式、油沟式、迷宫式和接触式等几种。　　　　　　　　　　　　　　　　　（√）

91．机组制动装置的作用只是当机组转速下降到本机额定转速的 35%时投入制动器，加闸停机。　　　　　　（×）

92．在机组检修工作中，转子测圆的目的在于检查转子光洁度有无明显变化。　　　　　　　　　　　　　　（×）

93．机组运行时镜板与推力瓦之间的油膜厚度约为0.01mm。　　　　　　　　　　　　　　　　　　　　（×）

94．对推力轴承的要求只是迅速建立起油膜。　　（×）

95．大中容量的水轮发电机，常用吊转子工具为平衡梁。
　　　　　　　　　　　　　　　　　　　　　　（√）

96．吊转子前，应对起吊用的桥式起重机进行认真检查，并做好试验，确认无误后，方可起吊。　　　　　　（√）

97．对锁定板式制动器，在吊转子之前，通常采用在各制动板上部加垫的方法进行制动器制动板高程的水平调整工作。　　　　　　　　　　　　　　　　　　（√）

98．拆除推力头前，其与镜板的相对位置可不做标记。

（×）

99．检修前，应吊出镜板使镜面朝上放于持平的专用支架上。　　　　　　　　　　　　　　　　　　　　　（√）

100．推力瓦修刮时，一般使用刚性刮刀。　　（×）

101．研磨镜板的小平台的转动方向为俯视逆时针方向。

（×）

102．导轴瓦间隙一般应由有经验的两人进行测量。（√）

103．测量导轴瓦面间隙前，应在 X、Y、Z 方向各设一只百分表监视。　　　　　　　　　　　　　　　　　（×）

104．油槽排油前、充油后，应检查油面在规定的位置，并做好记录。　　　　　　　　　　　　　　　　　　（√）

105．导轴承组装前，可以不检查其绝缘情况。　（×）

106．在工地成形并焊接的油、水、气管路，应进行水压或油压试验，试验的压力为相应管路最大工作压力的 1.5 倍。　（√）

107．根据 DL/T 835《水工钢闸门和启闭机安全检测技术规程》要求，一类焊缝超声波探伤应不少于 10%，射线探伤应不少于 5%。　　　　　　　　　　　　　　　　（×）

108．裂纹是焊缝的危险缺陷，发现裂纹时，应根据具体情况在裂纹的延伸方向增加探伤长度，直至焊缝全长。　（√）

109．对于受力复杂、易于产生疲劳裂纹的零部件，应采用渗透探伤或磁粉探伤方法进行表面裂纹检查，发现裂纹时，应进行射线探伤或超声波探伤，以确定裂纹走向、长度及深度。（√）

110. 静平衡的旋转件一般不存在动不平衡。　　　　（×）

111. 操作油管和受油器装复时，操作油管应严格清洗，连接可靠，不漏油；螺纹连接的操作油管，应有锁紧措施。（√）

112. 操作油管和受油器装复时，旋转油盆与受油器座的挡油环间隙应均匀，且不少于设计值的 70%。　　（√）

113. 冷却器应按设计要求的试验压力进行强度耐压试验，设计无规定时，试验水压力一般为工作压力的 1.5 倍，但不低于 0.4MPa，保持压力 30min，无渗漏现象。　　（×）

114. 高压油顶转子系统检修时，分解油泵后，应检查齿轮和轴套磨损情况；过滤器清洗时，如果堵塞严重应更换。（√）

115. 圆板牙由切削部分、校准部分和排屑孔组成，两端有切削锥角。　　　　　　　　　　　　　　　　（√）

116. 零件的尺寸公差可以为正、负和零。　　　（×）

117. 普通螺纹的牙型角为 90°。　　　　　　　（×）

118. 入口流量减少会使离心泵产生空蚀。　　　（√）

119. 齿轮传动的主要特点是效率高、结构紧凑、工作可靠、寿命长及传动比稳定等。　　　　　　　　　　　（√）

120. 根据装配精度合理分配组成环公差的过程称解尺寸链。　　　　　　　　　　　　　　　　　　　（√）

121. 套丝前，圆杆直径太小会使螺纹太浅。　　（√）

二、单选题

1. 将钢加热至一定的温度，保温一段时间后在加热炉或缓冷坑中缓慢冷却的一种热处理工艺称为＿＿＿＿＿。（D）

A. 正火　　　　　　　　B. 回火

C. 淬火　　　　　　　　D. 退火

2. 1mmHg 等于_____Pa。（B）

A. 9.81   B. 133.30

C. 27.20   D. 13.60

3. 混流式水轮机转轮下环形状对水轮机转轮的_____有较明显影响。（D）

A. 强度和刚度   B. 直径和水轮机效率

C. 过流量和转速   D. 过流量和空蚀性能

4. 关于水轮机比转速，下列说法正确的是_____。（A）

A. 比转速高能量特性好   B. 比转速高能量特性差

C. 比转速高空蚀性能好   D. 比转速高空蚀性能好

5. 水轮机总效率是水轮机的_____。（A）

A. 轴端出力与输入水流的出力之比

B. 最大出力与输入水流的额定水流之比

C. 额定出力与输入水轮机的水流出力之比

D. 额定出力与输入水轮机的最大水流出力之比

6. 工件精加工前，常需进行时效处理，是为了_____。（C）

A. 改善切削性能   B. 降低硬度

C. 消除内应力和稳定形状   D. 提高硬度

7. 特殊形状一般要用_____来检验。（A）

A. 样板   B. 角度尺

C. 游标卡尺   D. 千分尺

8. 转轮上冠型线变化（指设计）可对水轮机的_____产生影响。（D）

A. 设计水头   B. 转轮直径

C. 转速   D. 过流量

9. 几个共点力作用于一物体上，要保持该物体平衡的必要

条件是_____。（B）

 A. 力多边形不封闭

 B. 合力为零

 C. 合力等于某一分力

 D. 合力方向与某一分力方向相反

10. 金属材料的剖面符号应画成与水平面成 45° 的相互平行、间隔均匀的细实线。同一机件各个剖视图的剖面符号应_____。（C）

 A. 不相同   B. 相交 60°

 C. 相同   D. 相交 45°

11. 应用伯努利方程的前提条件的水流是_____。（B）

 A. 非恒定流   B. 恒定流

 C. 渐变流   D. 紊流

12. 钢的热处理是为了改善钢的_____。（D）

 A. 强度   B. 硬度

 C. 刚度   D. 性能

13. 点划线一般用作对称线或圆的中心线、_____。（C）

 A. 剖面线   B. 中断线

 C. 轴心线   D. 不可见轮廓线

14. 混流式水轮机增加叶片数目的目的是_____。（A）

 A. 提高转轮的强度，但会使水轮机的过流量相应减少

 B. 提高转轮的强度，但会使水轮机的过流量相应增加

 C. 提高转轮的刚度，但会使水轮机的过流量相应增加

 D. 提高转轮的刚度，但会使水轮机的过流量相应减少

15. 用砂轮机磨削工具时，应使火星向_____。（D）

 A. 前   B. 后

C. 上   D. 下

16. 工作如不能按计划工期完成，必须由_____办理工作延续手续。（B）

A. 工作票签发人   B. 工作负责人

C. 值长   D. 总工程师

17. 孔的尺寸与相配合的轴尺寸代数差为负值时，称为_____。（A）

A. 过盈配合   B. 间隙配合

C. 接触配合   D. 过渡配合

18. 混流式水轮机导叶开度是指_____。（C）

A. 导叶出口边与相邻导叶间的最大距离

B. 导叶出口边与相邻导叶出口边的最小距离

C. 导叶出口边与相邻导叶间的最小距离

D. 导叶出口边与相邻导叶出口边的最大距离

19. 测某连接螺栓伸长，扭紧前百分表长针指向"12"，短针指向"2"，扭紧后长针指向"41"，短针在"2~3"之间，则螺栓伸长_____mm。（B）

A. 0.12   B. 0.29

C. 0.41   D. 1.12

20. 水轮机转轮静平衡试验的目的是_____。（B）

A. 检查转轮有无裂纹

B. 检查转轮偏重是否超过允许值

C. 检查转轮连接是否松动

D. 检查转轮空蚀磨损状况

21. 大、中型水轮发电机组，止漏环与转轮室的圆度，其最大直径与最小直径之差控制在_____设计间隙值内即可认为

合格。（C）

A. ±20%   B. ±15%

C. ±10%   D. ±5%

22. 公制三角螺纹的剖面角为_____，螺距是以毫米表示的。（B）

A. 30°   B. 60°

C. 45°   D. 55°

23. 所谓转桨式水轮机转轮叶片的装置角是指枢轴法兰的_____与叶片位置之间的夹角。（C）

A. 垂直中心线 0°   B. 垂直中心线 +7°

C. 水平中心线 0°   D. 水平中心线 +7°

24. 圆锥销的规格是以_____来表示的。（B）

A. 大头直径和长度   B. 小头直径和长度

C. 中间直径和长度   D. 斜度和长度

25. 随着发电机负荷增加的同时，水轮机必须相应地将导叶开度_____。（D）

A. 保持不变   B. 减少

C. 关到零   D. 增大

26. 铰刀按使用方式分类，主要分为_____。（B）

A. 整体铰刀和镶齿铰刀

B. 手用铰刀和机用铰刀

C. 圆柱形铰刀和圆锥形铰刀

D. 固定式铰刀和可调式铰刀

27. 下列金属材料中，一般无法淬硬的是_____。（C）

A. 合金钢   B. 高碳钢

C. 低碳钢   D. 优质合金钢

28. 混流式水轮机空蚀的主要类型是_____。（D）

A. 间隙空蚀　　　　　　　B. 局部空蚀

C. 空腔空蚀　　　　　　　D. 翼型空蚀

29. 要使一物体在斜面上由静止向上滑移，则施加的拉力_____。（D）

A. 等于滑动摩擦力

B. 等于物体沿斜面向下的分力

C. 等于滑动摩擦力与物体沿斜面向下的分力之和

D. 大于滑动摩擦力与物体沿斜面向下的分力之和

30. 对于混流式水轮机，当机组额定转速为 150r/min 时，机组的最大飞逸转速为（飞逸系数为 $f = 2.1$）_____r/min。（B）

A. 71.42　　　　　　　　B. 315

C. 320　　　　　　　　　D. 310

31. 在选用钢丝绳安全系数时，应按_____来选用。（B）

A. 重物的重量　　　　　　B. 安全、经济

C. 安全　　　　　　　　　D. 经济

32. 一螺距为 3mm 的螺母，为使其压紧量为 0.5mm，那螺母要压紧的旋转角度为_____。（C）

A. 30°　　　　　　　　　B. 45°

C. 60°　　　　　　　　　D. 75°

33. 装复时，各组合面合缝间隙用_____mm 塞尺检查不能通过，允许有局部间隙。（D）

A. 0.1　　　　　　　　　B. 0.15

C. 0.25　　　　　　　　　D. 0.05

34. 装复时，各组合面合缝间隙用 0.1mm 塞尺检查，深度不应超过组合面宽度的 1/3，总长度不应超过周长的_____。（A）

A. 20%
B. 30%

C. 25%
D. 10%

35. 组合螺栓及销钉周围不应有间隙，组合缝处的安装面错牙宜不超过_____mm。（A）

A. 0.1
B. 0.15

C. 0.25
D. 0.05

36. 各螺栓连接均应按规定拧紧，有预紧力要求的螺栓连接，装复时其预应力偏差不应大于规定值的_____。（B）

A. ±15%
B. ±10%

C. ±20%
D. ±5%

37. 螺栓连接时，若制造厂无明确要求，预应力不应小于工作压力的 2 倍，且不大于材料屈服强度的_____。（C）

A. 3/5
B. 1/2

C. 3/4
D. 1/3

38. 细牙螺栓连接回装时，螺纹应涂润滑剂。螺栓连接应分次均匀紧固，采用热态拧紧的螺栓，紧固后应在室温下抽查_____左右螺栓的预紧度。（D）

A. 25%
B. 30%

C. 10%
D. 20%

39. 冷却器应按设计要求的试验压力进行强度耐压试验，设计无规定时，试验水压力一般为工作压力的 1.5 倍，但不低于 0.4MPa，保持压力_____min，无渗漏现象。（B）

A. 30
B. 60

C. 20
D. 45

40. 冷却器及其连接件严密性耐压试验，试验压力为_____倍工作压力，保持压力 30min，无渗漏现象。（A）

A. 1.25   B. 1

C. 1.5   D. 1.75

41. 冷却系统严密性试验，试验压力为工作压力，保持压力_____h，无渗漏现象。（D）

A. 7   B. 9

C. 6   D. 8

42. 冷却器如有单根冷却铜管破裂，可采用模塞堵死铜管方法处理破损铜管，但堵塞铜管的根数不应超过总根数的_____，否则应更换冷却器。（C）

A. 25%   B. 30%

C. 10%   D. 20%

43. 水轮发电机组尾水管充水时，投入水轮机检修密封，打开导叶_____，作为排气通道。（B）

A. 2%～4%   B. 3%～5%

C. 4%～6%   D. 5%～7%

44. 在机组升速过程中，应加强对各部位轴承温度的监视，不应有急剧升高及下降现象。机组启动达到额定转速后，在半小时内，应每隔_____min测量一次推力瓦及导轴瓦的温度。（C）

A. 3   B. 8

C. 5   D. 10

45. 机组运行至温度稳定后每小时温升不大于_____℃，标好各部油槽的运行油位线，记录稳定的温度值，此值不应超过设计规定值。（A）

A. 1   B. 2

C. 0.5   D. 1.5

46. 轴流转桨式水轮机,转轮叶片密封装置的作用是____。（C）

A. 防止水压降低

B. 防止渗入压力油

C. 对内防油外漏，对外防水进入

D. 对外防油外漏，对内防水进入

47. 轴流转桨式水轮机主轴的中心孔的作用是_____。（A）

A. 安装操作油管 　　　　B. 用来轴心补气

C. A 和 B 都有 　　　　D. 以上都不对

48. 斜流可逆式水轮机的适应水头范围一般是____m。（B）

A. 60～600 　　　　B. 20～120

C. 5～20 　　　　D. 40～100

49. 水斗式水轮机喷管的作用相当于反击式水轮机的_____。（B）

A. 导水操动机构 　　　　B. 导水机构

C. 导水机构的支撑机构 　　　　D. 泄水锥

50. 向心轴承主要承受_____载荷。（C）

A. 轴向 　　　　B. 斜向

C. 径向 　　　　D. 径向和轴向

51. 随着钢的含碳量的增加，其强度也将随着_____。（B）

A. 下降 　　　　B. 提高

C. 不变 　　　　D. 不一定变

52. 推力轴承所用的油类为_____。（A）

A. 透平油 　　　　B. 绝缘油

C. 空气压缩机油 　　　　D. 齿轮箱油

53. 飞逸转速越高，水轮发电机对材质的要求越_____，材料的消耗量就越_____。（B）

A. 高，少 　　　　B. 高，多

C. 低，多   D. 低，少

54. 推力轴承只承受_____荷载。（A）

A. 轴向   B. 斜向

C. 径向   D. 轴向和径向

55. 中低速大中型水轮发电机多采用_____式装置。（A）

A. 立   B. 卧

C. 斜   D. 立、卧

56. 定子的铁芯是水轮发电机组_____的主要通道。（B）

A. 电路   B. 磁路

C. 磁场   D. 电场

57. 磁极是产生水轮发电机主磁场的_____部件。（B）

A. 动力   B. 电磁感应

C. 固定   D. 移动

58. 悬式水轮发电机的下机架为_____机架。（B）

A. 负荷   B. 非负荷

C. 不一定   D. 第二

59. 转子是水轮发电机的_____部分。（A）

A. 旋转   B. 固定

C. 移动   D. 旋转好固定

60. 制动环厚度一般为_____mm 左右。（D）

A. 10   B. 20

C. 40   D. 60

61. 立式水轮发电机，按其_____的装设位置不同，分为悬式和伞型两大类。（A）

A. 推力轴承   B. 上导轴承

C. 下导轴承   D. 水导轴承

62. 硅钢片中含硅量越高，其可塑性就_____。（B）

A. 越大　　　　　　　　　B. 越小

C. 不变　　　　　　　　　D. 不一定变

63. 推力轴承是一种稀油润滑的_____轴承。（B）

A. 滚动　　　　　　　　　B. 滑动

C. 固定　　　　　　　　　D. 向心

64. 推力头的作用是承受并传递水轮发电机组的_____负荷及其转矩。（C）

A. 径向　　　　　　　　　B. 斜向

C. 轴向　　　　　　　　　D. 轴向和径向

65. 推力瓦抗重螺栓的头部为_____面。（C）

A. 平　　　　　　　　　　B. 斜

C. 球　　　　　　　　　　D. 锥

66. 弹性支柱式推力轴承与刚性轴承的主要区别在于_____部分。（B）

A. 推力瓦　　　　　　　　B. 支柱

C. 镜板　　　　　　　　　D. 底座

67. 弹性支柱式推力轴承的承载能力比刚性支柱式推力轴承的承载能力_____。（C）

A. 低　　　　　　　　　　B. 一样

C. 高　　　　　　　　　　D. 差不多

68. 弹性支柱式推力轴承，通过弹性油箱可自动调整各推力瓦的_____使其平衡，因而各瓦之间的温差较小。（A）

A. 受力　　　　　　　　　B. 水平

C. 距离　　　　　　　　　D. 间隙

69. 转子磁轭和磁极是水轮发电机的主要_____元件，整个

通风系统中，其作用占_____。（C）

A. 压力，50%～60%　　　　B. 阻力，70%～80%

C. 压力，80%～90%　　　　D. 阻力，50%～60%

70. 根据水轮机组布置方式不同，水轮发电机可分为_____两类。（B）

A. 悬式和伞型　　　　　　B. 立式和卧式

C. 反击式好冲击式　　　　D. 同步和异步

71. 推力轴承的各组部件中，转动的部分是_____。（C）

A. 推力头、推力瓦　　　　B. 镜板、油槽

C. 推力头、镜板　　　　　D. 推力瓦、镜板

72. 推力轴承油槽内油的作用是_____。（C）

A. 散热　　　　　　　　　B. 润滑

C. 润滑和散热　　　　　　D. 绝缘传递

73. 键的主要作用有_____。（D）

A. 定位　　　　　　　　　B. 传递扭矩

C. 连接　　　　　　　　　D. 以上都有

74. 定子铁芯和绕组是分别形成发电机_____的两个部件。（B）

A. 电路和磁路　　　　　　B. 磁路和电路

C. 磁场和电场　　　　　　D. 电压和电流

75. 机械制动是水轮发电机组的一种_____制动方式。（B）

A. 唯一　　　　　　　　　B. 传统

C. 先进　　　　　　　　　D. 不常用

76. 镜板与推力头分解时，拆卸的先后顺序为_____。（A）

A. 先拔销钉，后拆螺栓　　B. 后拔销钉，先拆螺栓

C. 无关系　　　　　　　　D. 可先可后

77. 转子测圆后，转子各半径与平均之差应不大于设计空气间隙的_____。（A）

　　A. ±4%　　　　　　　　B. ±2%

　　C. ±5%　　　　　　　　D. ±10%

78. 拉紧螺杆和齿压板是用来将定子铁芯在_____压紧的部件。（A）

　　A. 轴向　　　　　　　　B. 径向

　　C. 轴向、径向　　　　　D. 周向

79. 研磨镜板用研磨膏、研磨液（如煤油）调好后，要用_____过滤后，方可使用。（D）

　　A. 纱布　　　　　　　　B. 棉布

　　C. 帆布　　　　　　　　D. 绢布

80. 研磨镜板用小平台的转向为俯视_____。（A）

　　A. 顺时针　　　　　　　B. 逆时针

　　C. 先逆后顺　　　　　　D. 先顺后逆

81. 导轴承间隙应由有经验的两人测量，允许误差在_____mm之内。（C）

　　A. 0.1　　　　　　　　 B. 0.05

　　C. 0.01　　　　　　　　D. 0.5

82. 磁极键拔出后，每对键应打上与_____相同的顺序号，并用白布将其捆在一起。（B）

　　A. 磁轭　　　　　　　　B. 磁极

　　C. 磁轭和磁极　　　　　D. 支臂

83. 为下次机组大修拔键方便，长键的上端应留出_____mm左右的长度。（C）

　　A. 100　　　　　　　　 B. 150

C. 200 D. 250

84. 转子磁极圆度在同一个标高上所测半径的最大值与最小值之差应小于发电机设计空气间隙或实测平均空气间隙的_____。（B）

A. 5% B. 10%

C. 15% D. 20%

85. 定子平均中心与固定止漏环（或转轮室）的平均中心的偏差最好控制在_____mm 之内，最严重者应不超过 1.0mm。（C）

A. 0.10～0.30 B. 0.20～0.40

C. 0.30～0.50 D. 0.40～0.50

86. 如个别磁极因较明显的_____而造成该磁极处的转子圆度不合格，须检查一下磁极铁芯与磁轭是否已经相接触，如尚有间隙时，可通过再打紧磁极键的办法使该磁极向里位移。（A）

A. 凸出 B. 凹入

C. 不平 D. 变形

87. 研磨镜板的小平台的旋转速度以_____r/min 为宜。（C）

A. 5 B. 7

C. 5～7 D. 15

88. 采用热紧法紧固螺栓后，_____对紧度进行抽查。（A）

A. 需要 B. 不需要

C. 首先 D. 不一定

89. 水轮发电机主轴与水轮机主轴连接的形式，多为_____连接。（B）

A. 内法兰 B. 外法兰

C. 键 D. 热套

90. 制动闸油压试验，如无特殊规定，一般采用的工作压

力的倍数和试验时间为_____。（C）

    A. 1.25 倍，60min   B. 1.5 倍，30min

    C. 1.25 倍，30min   D. 1.3 倍，10min

91. 用推力瓦研磨镜板时，方法为_____。（A）

    A. 瓦动，镜板不动   B. 镜板动，瓦不动

    C. 镜板动，支撑架不动   D. 瓦动，支撑架不动

92. 推力瓦刮削进行到最后应当按照图纸要求，刮好_____。（A）

    A. 进油边   B. 出油边

    C. 甩油的地方   D. 进油的地方

93. 将磁极挂装到位后，拔两根长键的斜面均匀地涂上一薄层白铅油，按_____对号插入键槽。（C）

    A. 小头朝下，斜面朝上   B. 大头朝下，斜面朝外

    C. 小头朝下，斜面朝里   D. 大头朝下，斜面朝里

94. 推力轴承刮瓦时，前后两次的刀花应互成_____。（A）

    A. 90°   B. 60°

    C. 180°   D. 75°

95. 发电机转子主轴一般用中碳钢_____而成。（C）

    A. 铸造   B. 焊接

    C. 整体锻制   D. 铆接

96. 扩修中吊出镜板后镜面朝_____放于持平的木方或专用支架上。（A）

    A. 上   B. 下

    C. 任意方向   D. 视工作方便方向

97. 发电机测温装置安装后，其对地绝缘不得小于_____MΩ。（A）

A. 0.5   B. 1

C. 0.1   D. 0.3

98. 发电机推力轴承座与基础之间用绝缘垫隔开可防止_____。（D）

A. 击穿   B. 受潮

C. 漏油   D. 形成轴电流

99. 热打磁轭键应在冷打磁轭键_____进行。（B）

A. 之前   B. 之后

C. 同时   D. 不能确定

100. 上机架安装后，要求检查机架与定子各组合面的接触情况，规定接触面应达到_____以上。（C）

A. 55%   B. 65%

C. 75%   D. 85%

101. 在顶转子之前，通常采用在各制动板上部加垫的方式进行制动器闸板_____的调整工作。（B）

A. 水平   B. 高程

C. 间隙   D. 波浪度

102. 测量导轴承瓦间隙时，抗重螺栓头部与瓦背支撑点面间的_____距离，即为该瓦处轴承间隙值。（A）

A. 最小   B. 平均

C. 最大   D. 直线

103. 镜板吊出并翻转使镜面朝上放好后，镜面上涂1层_____贴上1层描图纸，再盖上毛毡，周围栏上，以防磕碰。（D）

A. 汽油   B. 煤油

C. 柴油   D. 润滑油

104. 磁轭铁片压紧后，叠压系数应不小于_____。（B）

A. 90%   B. 99%

C. 95%   D. 98%

105. 转子找正时以定子和转子之间的＿＿＿为依据，计算出中心偏差方向。（C）

A. 高程差   B. 不平衡程度

C. 空气间隙   D. 相对位置

106. 吊转子前，制动器加垫找平时的加垫厚度应考虑转子抬起高度满足镜板与推力瓦面离开＿＿＿mm 的要求。（C）

A. 1～2   B. 3～4

C. 4～6   D. 5～8

107. 无论是转子正式吊入或吊出之前，当转子提升＿＿＿mm 高时，应暂停十几分钟，由专人检查起重梁及其他吊具的水平及挠度情况。（C）

A. 5～10   B. 10～15

C. 10～20   D. 15～20

108. 转子测圆一般以＿＿＿圈为宜，以便核对。（B）

A. 1～2   B. 2～3

C. 3～4   D. 5～6

109. 推力轴承受力调整时，应在主轴处于＿＿＿时和机组转动部分处于＿＿＿位置时进行。（B）

A. 水平，静止   B. 垂直，中心

C. 静止，静止   D. 水平，中心

110. 励磁机是供水轮发电机＿＿＿励磁电流的。（B）

A. 定子   B. 转子

C. 永磁机   D. 辅助发电机

111. 制动器的作用是＿＿＿。（C）

A. 制动　　　　　　　　　B. 停机

C. 制动和顶起转子　　　　D. 检修

112. 推力轴承托盘的作用主要是为了_____。（A）

A. 减小推力瓦的变形　　　B. 只是便于放置推力瓦

C. 增加推力瓦的刚度　　　D. 瓦的基础

113. 发电机检修期间，拆卸推力头或抽出推力瓦时，整个机组转动部分重量落在_____上。（D）

A. 上机架　　　　　　　　B. 下机架

C. 定子机座　　　　　　　D. 风闸

114. 负荷机架的支臂结构形式一般为_____。（C）

A. 井字型或桥型　　　　　B. 桥型

C. 辐射型或桥型　　　　　D. 井字型或桥型

115. 在任何情况下,各导轴承处的摆度均不得大于_____。（C）

A. 相对摆度　　　　　　　B. 全摆度

C. 轴承的设计间隙值　　　D. 净摆度

116. 水轮发电机组的转动惯量主要决定于_____。（C）

A. 磁轭和转毂　　　　　　B. 主轴和磁极

C. 磁轭和磁极　　　　　　D. 定子铁芯

117. 水轮发电机一般都为_____式三相_____发电机。（B）

A. 凸极,异步　　　　　　B. 凸极,同步

C. 隐步,同步　　　　　　D. 隐步,异步

118. 对于_____水轮机,应由调节器操作检查桨叶转动指示器和实际开度的一致性。（D）

A. 轴流定桨式　　　　　　B. 冲击式

C. 混流式　　　　　　　　D. 轴流转桨式

三、多选题

1. 工件精加工时，常需进行时效处理，是为了_____。（AC）。

A. 消除内应力　　　　　　　B. 消除外应力

C. 稳定工件形状　　　　　　D. 改善晶体结构

2. 机械制图点划线一般用作对称线或_____。（BD）。

A. 切线　　　　　　　　　　B. 中心线

C. 割线　　　　　　　　　　D. 轴心线

3. 水轮发电机组可以用来_____。（BCD）

A. 蓄能　　　　　　　　　　B. 调峰

C. 调频　　　　　　　　　　D. 调相

4. 水轮机内有人工作时，应做的安全措施是_____。（ABC）

A. 做好防止导叶转动措施　　B. 切断水导轴承润滑水源

C. 调相充气　　　　　　　　D. 拔出导水机构剪断销

5. 主轴密封由_____组成。（BC）

A. 机械密封　　　　　　　　B. 工作密封

C. 检修密封　　　　　　　　D. 填料密封

6. 水轮机线性特性曲线中包括_____曲线。（BCD）

A. 工作水头　　　　　　　　B. 工作特性

C. 水头特性　　　　　　　　D. 转速特性

7. 我国水轮机产品型号由三部分组成，下列说法错误的是_____。（BCD）

A. 第一部分为水轮机型式和转轮型号

B. 第二部分为水轮机的标称直径和引水室特征

C. 第三部分为水轮机主轴布置形式和其他必要数据

D. 第一部分为水轮机转轮及蜗壳型号

8. 关于水轮机比转速，下列说法错误的是_____。（BC）

A. 比转速高能量特性好   B. 比转速高能量特性差

C. 比转速高空蚀性能好   D. 比转速高空蚀性能差

9. 铰刀按使用方式分类，主要分为_____。（AB）

A. 手用铰刀

B. 机用铰刀

C. 圆柱形铰刀和圆锥形铰刀

D. 固定式铰刀和可调式铰刀

10. 蜗壳的作用是使进入导叶以前的水流形成一定的旋转，并_____将水流引入导水机构。（BD）

A. 中心对称地   B. 轴对称地

C. 面对称地   D. 均匀地

11. 水轮机的轴向水推力是作用在_____向下的水压力及由于水流对叶片的反作用力引起的向下的水压力和转轮的上浮力等几个轴向力的合力。（BC）

A. 下环内表面   B. 上冠表面

C. 下环外表面   D. 上冠下表面

12. 转子是水轮发电机的旋转部件，主要组成部件为_____。（ABCD）

A. 转轴   B. 支架

C. 磁轭   D. 磁极

13. 振动三要素是指_____。（ACD）

A. 振幅   B. 振动变化率

C. 频率   D. 初相位

14. 水轮机是将水能转换为机械能的一种水力机械，它包括_____。（ABCD）

A. 引水部件   B. 导水部件

C. 工作部件　　　　　　　　D. 泄水部件

15. 要使原型水轮机与模型水轮机相似，必须具备_____等相似条件。（BCD）

A. 物理相似　　　　　　　　B. 几何相似

C. 运动相似　　　　　　　　D. 动力相似

16. 水轮机的损失包括_____。（ABC）

A. 容积损失　　　　　　　　B. 水力损失

C. 机械损失　　　　　　　　D. 动力损失

17. _____等因素可导致橡胶水导轴承断水。（ABD）

A. 引水管路跑水　　　　　　B. 阀门脱落

C. 示流信号器误动作　　　　D. 滤水器堵塞

18. 反击式水轮机的过流部件组成部分主要有_____。（ABCD）

A. 引水室　　　　　　　　　B. 导水机构

C. 转轮　　　　　　　　　　D. 尾水管

19. 座环主要组成部分包括_____。（ABD）

A. 上环　　　　　　　　　　B. 下环

C. 底环　　　　　　　　　　D. 固定导叶

20. 水轮机的效率由_____组成。（ABC）

A. 容积效率　　　　　　　　B. 水力效率

C. 机械效率　　　　　　　　D. 水头利用率

21. 刮削精度检查包括_____。（ABCD）

A. 尺寸精度　　　　　　　　B. 位置精度

C. 表面精度　　　　　　　　D. 接配精度

22. 麻花钻的切削角度有_____。（ABCD）

A. 顶角　　　　　　　　　　B. 横刃斜角

C. 螺旋角　　　　　　　　D. 前角

23. 地脚螺栓采用预埋钢筋、在其上焊接螺杆时，应符合的要求有_____。（ABD）

A. 预埋钢筋的材质应与地脚螺栓的材质基本一致

B. 预埋钢筋的断面积应大于螺栓的断面积，且预埋钢筋应垂直

C. 预埋钢筋的断面积应小于螺栓的断面积，且预埋钢筋应垂直

D. 螺栓与预埋钢筋采用双面焊接时，其焊接长度不应小于 5 倍地脚螺栓的直径；采用单面焊接时，其焊接长度不应小于 10 倍地脚螺栓的直径

24. 机组及其附属设备的焊接应符合的要求有_____。（ABC）

A. 参加机组及其附属设备各部件焊接的焊工应按 DL/T 679《焊工技术考核规程》或制造厂规定的要求进行定期专项培训和考核，考试合格后持证上岗

B. 所有焊接焊缝的长度和高度应符合图纸要求，焊接质量应按设计图纸要求进行检验

C. 对于重要部件的焊接，应按焊接工艺评定后制定的焊接工艺程序或制造厂规定的焊接工艺规程进行

D. 单根键应与键槽配合检查，其公差应符合设计要求

25. 水轮发电机组各部件的防腐涂漆应满足的要求有_____。（ABCD）

A. 机组各部件均应按设计图纸要求在制造厂内进行表面预处理和涂漆防护

B. 需要在工地喷涂表层面漆的部件（包括工地焊缝）应按

设计要求进行，若喷涂的颜色与厂房装饰不协调时，除管道颜色外，可作适当变动

C. 在安装过程中部件表面涂层局部损伤时，应按部件原涂层的要求进行修补

D. 现场施工的涂层应均匀、无起泡、无皱纹，颜色应一致

26. 转桨式水轮机转轮叶片操作试验和严密性耐压试验应符合的要求有＿＿＿＿。（ABCD）

A. 试验用油的油质应合格，油温不应低于 5℃

B. 在最大试验压力下，保持 16h

C. 在试验过程中，每小时操作叶片全行程开关 2～3 次

D. 各组合缝不应有渗漏现象，单个叶片密封装置在加试验压力与未加试验压力情况下的漏油限量，不大于出厂试验时的漏油量

27. 转桨式水轮机操作油管和受油器安装应符合的要求有＿＿＿＿。（ABCD）

A. 操作油管应严格清洗，连接可靠，不漏油；螺纹连接的操作油管，应有锁紧措施

B. 受油器对地绝缘电阻，在尾水管无水时测量，一般不小于 0.5MΩ

C. 受油器水平偏差，在受油器座的平面上测量，不应大于 0.05mm/m

D. 旋转油盆与受油器座的挡油环间隙应均匀，且不小于设计值的 70%

28. 导轴瓦安装应符合的要求有＿＿＿＿。（ABC）

A. 导轴瓦安装应在机组轴线及推力瓦受力调整合格，水轮机止漏环间隙及发电机空气间隙符合要求的条件下进行。为便

于复查转轴的中心位置，应在轴承固定部分合适部位建立中心测点，测量并记录有关数据

B. 导轴瓦安装时，一般应根据主轴中心位置，并考虑盘车的摆度方向及大小进行间隙调整，安装总间隙应符合设计要求。但对只有两部导轴承的机组，调整间隙时，可不考虑摆度

C. 分块式导轴瓦间隙允许偏差不应超过±0.02mm；筒式导轴瓦间隙允许偏差，应在分配间隙值的±20%以内，瓦面应保持垂直

D. 分块式导轴瓦间隙允许偏差不应超过±0.05mm；筒式导轴瓦间隙允许偏差，应在分配间隙值的±30%以内，瓦面应保持垂直

29. 主轴检修密封安装应符合的要求有＿＿＿＿。（ABC）

A. 空气围带在装配前，通 0.05MPa 的压缩空气，在水中作漏气试验，应无漏气现象

B. 安装后，径向间隙应符合设计要求，偏差不应超过设计间隙值的±20%

C. 安装后，应作充、排气试验和保压试验，压降应符合要求，一般在 1.5 倍工作压力下保压 1h，压降不宜超过额定工作压力的 10%

D. 密封件应能上下自由移动，与转环密封面接触良好；供排水管路应畅通

30. 主轴工作密封安装应符合的要求有＿＿＿＿。（AB）

A. 工作密封安装的轴向、径向间隙应符合设计要求，允许偏差不应超过实际平均间隙值的±20%

B. 密封件应能上下自由移动，与转环密封面接触良好；供排水管路应畅通

C. 真空破坏阀和补气阀应做动作试验和渗漏试验，其起始动作压力和最大开度值应符合设计要求

D. 安装后，应做充、排气试验和保压试验，压降应符合要求，一般在 1.5 倍工作压力下保压 1h，压降不宜超过额定工作压力的 10%

31. 下列属于机组 A 级检修后启动试验项目的有_____。（ABCD）

A. 升压试验　　　　　　　B. 同期试验

C.导轴瓦温升试验　　　　D. 甩负荷试验

32. 下列对制动柜检修要求的描述正确的是_____。（ABCD）

A. 过滤网清扫，如有破损应更换，滤盒中的油迹应清理干净

B. 电磁阀分解清扫，检查密封应完好，孔道应畅通，装复后，阀口应严密，动作应灵活、正确

C. 各手动阀检查应动作灵活、无损坏，密封严密

D. 重要零部件管道应清扫干净，无油垢

33. 发电机甩负荷试验应在额定有功功率的_____下分别进行，若受运行水头和电力系统条件限制，发电机不能带额定负荷时，可按当时条件最大负荷下进行甩负荷试验，但在以后电站具备条件时，应补做甩额定负荷试验。（ABCD）

A. 25%　　　　　　　　　B. 50%

C. 75%　　　　　　　　　D. 100%

34. 下列属于首次手动停机过程中应检查的项目有_____。（ABCD）

A. 录制停机转速和时间关系曲线

B. 监视各部位轴承温度变化情况

C. 检查转速继电器的动作情况

D. 检查各部位油槽油面变化情况

35. 下列符合高压油顶转子系统检修要求的有_____。（ABCD）

A. 分解油泵，检查齿轮和轴套的磨损情况

B. 过滤器清洗，如果堵塞严重应更换

C. 管道、接头、阀门清洗、检查和更换

D. 油泵打压试验

36. 下列符合制动器检修要求的有_____。（ABCD）

A. 制动器及其管路、底座应对应编号拆装

B. 检查制动器闸板的磨损量，如果闸板面均匀磨损达 10mm 以上或未达 10mm 但四周有大块剥落，闸板应更换

C. 密封圈更新时，应检查新密封圈尺寸规格正确无缺陷、伤痕，回装过程中应防止损伤

D. 检查制动器行程开关动作应灵活、可靠，不满足要求的元件应修复或更换

37. 盘车就是使机组的转动部分缓慢地转动。盘车的方法有_____。（BCD）

A. 自动盘车　　　　　　B. 机械盘车

C. 电动盘车　　　　　　D. 人工盘车

38. 机组振动可以分为水力振动、机械振动和电磁振动等，下列选项中属于引起机械振动的因素有_____。（ABC）

A. 转子质量不平衡　　　B. 机组轴线不正

C. 导轴承缺陷　　　　　D. 空气气隙不均匀

39. 下列原因中会造成推力瓦温度过高的是_____。（ABCD）

A. 机组振动

B. 推力瓦的周向偏心值选取不当

C. 推力瓦的热变形和机械变形偏大

D. 润滑油循环不正常和冷却效果不好

40. 下列原因中会引起发电机温度过高的是_____。（ABCD）

A. 发电机过负荷运行，超过允许时间

B. 三相电流严重不平衡

C. 发电机的通风冷却系统发生故障

D. 定子绕组部分短路或接地

41. 下列属于推力轴承甩油的一般处理方法的是_____。
（BCD）

    A. 封堵法   B. 阻挡法

    C. 均压法   D. 引放法

42. 机组振动的测量方法，按振动信号的传递方法可以分
为_____。（ABC）

    A. 机械测振法   B. 电测法

    C. 光测法   D. 声测法

43. 下列属于磁轭铁片压紧常用方法的是_____。（ABC）

A. 用辅助螺杆和套管压紧

B. 用活动落地压紧杆压紧

C. 用简易液压器压紧

D. 用电锤压紧法

44. 下列对 SF100－40/854 含义解释正确的有_____。
（ABD）

    A. SF：立式水冷水轮发电机

    B. 100：额定容量为 100MW

C. 40：转子磁极对数为 40 对

D. 854：定子铁芯外径为 854cm

45. 制动器的作用是_____。（AB）

A. 制动　　　　　　　　　B. 顶转子

C. 限速　　　　　　　　　D. 调速

46. 下列属于对制动器的基本要求的是_____。（ABCD）

A. 不漏气　　　　　　　　B. 不漏油

C. 动作灵活　　　　　　　D. 制动后能正确地回复

47. 下列有关发电机轴线测量前的准备工作的描述，正确的是_____。（BD）

A. 在上导轴颈及法兰接处，沿圆周划 8 等分线，上、下两部位的等分线应在同一位置上，并按顺时针方向顺序编号

B. 调整推力瓦受力，使镜板处于水平状态，推力瓦面加润滑剂

C. 安装推力头附近的导轴瓦，以控制主轴径向位移，瓦面涂薄而均匀的润滑油，调整瓦与轴的间隙在 0.04～0.06mm 以内

D. 清除转动部件上的杂物，检查各转动与固定部件的间隙处，应绝对无异物卡阻或相碰

48. 下列属于水轮发电机启动试运行的主要试验项目的有_____。（ABCD）

A. 动平衡校准　　　　　　B. 振动、摆度测定

C. 轴承温度测定　　　　　D. 过速试验

49. 下列属于机组大修后自动停机试验需要记录并检查的项目有_____。（ABCD）

A. 检查自动停机程序是否正确，各自动化元件动作是否正确、可靠

B. 记录自发出停机脉冲至机组转速降至制动转速所需时间

C. 检查机械制动装置自动投入是否正确，记录自制动器加闸至机组全停的时间

D. 检查测速装置转速触点动作是否正确，调速器及自动化元件动作是否正确

50. 下列关于水轮发电机定子机械检修的要求，正确的有_____。（AD）

A. 检查定子铁芯及通风槽无异常，定子上下端部、定子铁芯通风沟内及铁芯背部机座环板上无任何杂质和异物堵塞

B. 测量发电机空气间隙时，要求各点实测间隙的最大值或最小值与实测平均间隙之差同实测平均间隙之比不大于±15%

C. 复测定子高程时，要求定子铁芯平均中心高程与转子磁极平均中心高程基本一致，其偏差值不应超过定子铁芯有效长度的±0.2%，最大不超过 4mm

D. 检查铁芯压紧螺栓时，要求铁芯压紧螺栓预紧力与设计预紧力一致，压紧螺栓无损伤，蝶形弹簧垫圈完好，螺母电焊处无开裂，穿心螺杆结构的铁芯还应进行绝缘检查

51. 下列选项符合检修工艺一般要求的有_____。（ABD）

A. 发电机检修时，检修场地应考虑检修部件放置后的承载能力，场地应光线充足，部件放置时地面应垫有木板，精密部件应做好防锈、防尘措施及垫有毛毡或胶皮

B. 轴颈、轴瓦、镜板等精密加工表面，以及联轴法兰和销孔面，应做好抗氧化、防锈蚀等防护操作

C. 冷却器如有单根冷却铜管破裂，可采用楔塞堵死铜管方法处理破损铜管，但堵塞铜管的根数不应超过总根数的 20%，否则应更换冷却器

D. 零部件起吊前，应检查连接件是否拆卸完，起重工具的承载压力是否足够

52. 下列选项符合水轮发电机机架检修要求的有_____。（ABCD）

A. 上机架、下机架或推力支架拆卸前，应测量承重机架的静挠度符合设计要求

B. 上机架拆卸和复装时应有防止晃动造成碰坏轴颈、集电环的保护措施

C. 上机架、下机架或推力支架装复前应对承重机架的焊缝按金属监督规定检查

D. 径向或切向支撑装置的受力调整应满足要求

53. 下列选项符合巴氏合金推力瓦检修研刮要求的有_____。（ABD）

A. 瓦面接触点应为 1～3 点/cm^2

B. 修刮时应对瓦面局部磨损严重处重点修刮，并辅以普遍挑花

C. 瓦面局部不接触面积，每处不应大于推力瓦面积的 3%，但最大不超过 16cm^2，其总和不应超过推力瓦面积的 5%

D. 进油边应按照设计要求刮削，无规定时，可在 10～15mm 范围内刮成深 0.5mm 的倒圆斜坡

54. 下列选项符合水轮发电机轴承检修一般要求的有_____。（ABCD）

A. 轴承冷却器分解后，检查承管板、铜管的管口、焊缝等锈蚀情况，并作除锈、刷防锈漆处理，更换水箱密封耐油胶垫，其厚度应与原垫一致

B. 油槽盖板接合面更换耐油密封，各电气引线密封、盖板

端面密封、平面密封良好

C. 检查油槽密封盖无甩油现象，挡油管（筒）等部位紧固螺栓无松动

D. 吸排油雾系统清扫干净、无油污，风扇及电动机动作正常，无异常振动、声响，收集管无堵塞现象

四、填空题

1. 根据空蚀在水轮机中发生的部位不同，一般可分为翼形空蚀、间隙空蚀、局部空蚀及空腔空蚀。

2. 水轮机是将水能转换为机械能的一种水力机械。它包括引水部件、导水部件、工作部件、泄水部件和非过流部件。

3. 水轮机的基本工作参数主要有水头、流量、出力、效率、转速。

4. 混流式水轮机的座环主要组成部分包括上环、下环、固定导叶。

5. 常用尾水管有两种形式，一种是直锥型尾水管，主要用于小型电站；一种是弯肘型尾水管，主要用于大中型电站。

6. 机组甩 100%额定负荷后，在转速变化过程中，超过稳态转速 3%额定转速值以上的波峰不超过两次。

7. 水电站的型式主要取决于集中水头的方式，根据集中水头的方式不同，水电站分为坝后式水电站、引水式水电站和混合式水电站。

8. 对于受力复杂、易于产生疲劳裂纹的零部件，发现裂纹时，应进行射线探伤、超声波探伤，以确定裂纹走向、长度及深度。

9. 水轮机中蜗壳的作用是使进入导叶以前的水流形成一

定的旋转，并<u>轴对称</u>、均匀地将水流引入导水机构。

10. 推力轴承甩油的一般处理方法有<u>阻挡法</u>、<u>均压法</u>和引放法。

11. 刮削精度检查包括形状精度、<u>位置精度</u>、<u>尺寸精度</u>、<u>表面精度</u>以及接配精度。

12. 机组的"三条线"分别是<u>机组轴线</u>、<u>机组中心线</u>、<u>机组旋转中心线</u>。

13. 水轮机的效率由<u>水力</u>效率、<u>容积</u>效率、<u>机械</u>效率共同组成。

14. 水轮机相似理论是指<u>几何相似</u>、<u>运动相似</u>和动力相似。

15. 螺栓连接时，若制造厂无明确要求，预应力不应小于工作压力的 <u>2</u> 倍，且不大于材料屈服强度的 <u>3/4</u>。

16. 冷却器应按设计要求的试验压力进行强度耐压试验，设计无规定时，试验水压力一般为工作压力的 <u>1.5</u> 倍，但不低于 0.4MPa，保持压力 <u>60min</u>，无渗漏现象。

17. 发电机空气间隙测量时，要求各点实测间隙的最大值或最小值与实测平均间隙之差同实测平均间隙之比不大于 <u>±8%</u>。

五、简答题

1. 滑动轴承有哪些主要特点？

答：滑动轴承的主要优点是工作可靠、寿命长、运转平稳、噪声小、轴承承载能力大。其中液体摩擦滑动轴承适合高速大功率设备，而非液体摩擦滑动轴承结构简单，价格低，在要求低的设备中应用广泛。

滑动轴承的主要缺点是液体摩擦滑动轴承的设计、制造和润滑要求高，结构复杂，价格高；非液体摩擦滑动轴承的摩擦损失大，磨损严重，易产生磨损和胶合失效。

2. 水轮机转轮空蚀的特征是什么？

答：（1）空蚀区的金属表面呈海绵状针孔，表面有呈灰暗无光泽的大小蜂窝及透孔。

（2）金属疏松脱落。若表面覆盖有抗蚀材料，空蚀会绕过表面抗蚀覆盖层，而在底层母材上深入发展。

3. 千斤顶在检修中有什么用途？螺旋千斤顶有什么优缺点？

答：千斤顶是一种轻便的便于携带的起重工具，它可以在一定的高度范围内升起重物，也可以用于校正工件的变形和调整设备、工件的安装位置。

螺旋千斤顶的优点是能自锁。其缺点是机械损失大，效率低，起重量小。

4. 装配图的作用及内容是什么？

答：装配图是用来表达装配体（机器或部件）的结构、工作原理、用途，零件与部件之间的装配关系、相对位置以及安装时所必需的尺寸的图样。装配图也是产品设计、制造、技术改造等必不可少的图纸资料。同时也是国内外技术交流的重要文件。在生产上，装配图是制定装配工艺规程，进行装配、检修、检验的技术依据。

装配图的内容有：

（1）一组图形。表达装配体的结构、工作原理、零件间的装配关系、相对位置及零件的主要结构形状。

（2）必要的尺寸。主要表示装配体的总体大小、规格、零件的配合关系及安装尺寸等。

（3）技术要求。用文字说明装配体的装配、检验、调试需要遵从的技术条件和要求以及主要部件的特殊要求、使用规则和范围等。

（4）标题栏、明细表和零件编号。用来说明部件或机器的名称，画出比例，说明零件的名称、材料和数量等。

5. 零件草图的作图步骤有哪些？

答：（1）选择视图表达方案，画出各视图中心线和基准线，徒手轻轻地画出各视图的外形轮廓。画视图时，最好几个视图同时进行。

（2）画出主要部分的内外结构形状。

（3）选择适当的表达方法画出零件上的全部细节，经仔细校对后描深图线，再选定尺寸基准，画出尺寸界限和尺寸线。

（4）画出零件各表面的粗糙度符号和其他技术要求，填写标题栏，最后检查全图有无错误。

6. 电动葫芦在使用时有哪些注意事项？

答：（1）操作前应了解电动葫芦的结构性能，熟悉安全操作规程。

（2）按工作制度进行，不得超载使用。

（3）工作时不允许将负荷长时间停在空中，以防机件发生永久性变形及其他事故。

（4）工作完毕后应将吊钩升到离地面 2m 以上高度，并切断电源。

（5）避免倾斜起吊，以免损坏机件。

（6）当发生自溜现象时，应停止使用，进行检查，消除故障后才能投入使用。

（7）使用一定时间后应定期检查及加润滑油。

7. 机组盘车的目的是什么？

答：通过盘车，可了解机组轴线各特征部位的摆度现状，掌握机组轴线具体倾斜和曲折数据，从而判定轴线质量是否合格，为轴线处理和调整提供依据。此外，通过与上次机组大修后盘车结果比较，还可发现轴线变化情况，给分析轴线恶化的原因提供线索。

8. 机组轴线调整的目的是什么？

答：机组大修组装后，将处理合格的轴线或主轴旋转中心线调整到机组中心线上来，从而可减小机组运转中发电机的磁力不平衡和水轮机的水力不平衡，为机组安全、稳定运行创造良好条件。

9. 何谓机组的"三条线"？

答：机组的"三条线"分别是机组轴线、机组中心线、机组旋转中心线。

10. 什么是机组的轴线？机组轴线调整工作内容是什么？

答：机组的轴线是指机组主轴的几何中心线。立式机组的轴线则是由顶轴（或励磁机轴）、发电机主轴（或转子支架中心体加中间轴）及水轮机主轴等各轴几何中心连线组成的。

机组轴线调整的工作内容包括：

（1）轴线测量：检查机组轴线在几个典型部位的摆度现状，是否超过 GB/T 8564《水轮发电机组安装技术规范》的规定要求，并为轴线处理提供依据。

（2）轴线处理：根据实测的机组轴线数据，经计算、分析后，将需要解决的问题相应处理，使主轴摆度限定在允许范围内。

11. 何谓水轮机能量转换的最优工况？

答：当反击式水轮机在设计工况下运行时，转轮叶片的进口水流不发生撞击，而叶片出口水流的绝对速度方向，基本垂直于圆周速度，即所谓切向出流。此时，转轮内的水力损失达到最小，水能转换率最高，水轮机总效率达到最高，通常把这种运行工况称为水轮机能量转换的最优工况。

12. 水轮机转轮的作用是什么？

答：水轮机转轮是实现水能转换的主要部件，它能将水能的绝大部分转换成转轮及轴的旋转机械能，并通过水轮机主轴传递给发电机主轴及其转子。因此，转轮是水轮机的主体，水轮机转轮的设计、制造是衡量水轮机制造水平的主要指标。

13. 贯流式水轮机导水机构装配应符合什么要求？

答：（1）内、外导水环应调整同轴度，其偏差不大于 0.5mm。

（2）导水机构上游侧内、外法兰间距离应符合设计要求，其偏差不应大于 0.4mm。

（3）导叶端面间隙调整，在关闭位置时测量，内、外端面间隙分配应符合设计要求，导叶头、尾部端面间隙应基本相等，转动应灵活。

（4）导叶立面间隙允许局部最大不超过 0.25mm，其长度不超过导叶高度的 25%。

14. 机组安装过程中的一般性测量要求是什么？

答：（1）所有测量工具应定期在有资质的计量检验部门检验、校正合格。

（2）机组安装用的 X、Y 基准线标点及高程点，相对于厂房基准点的误差不应超过 ±1mm。

（3）各部位高程差的测量误差不应超过 ±0.5mm。

（4）水平测量误差不应超过 0.02mm/m。

（5）中心测量所使用的钢丝线直径一般为 0.3～0.4mm，其拉应力应不小于 1200MPa。

（6）无论用何种方法测量机组中心或圆度，其测量误差一般应不大于 0.05mm。

（7）应注意温度变化对测量精度的影响，测量时应根据温度的变化对测量数值进行修正。

15. 常用的转子支架有哪几种？

答：常用的转子支架有 4 种，即与磁轭一体的转子支架、圆盘式转子支架、整体铸造转子支架、组合式转子支架。

16. 水轮发电机定子主要由哪些部件组成？

答：水轮发电机定子主要由机座，铁芯，绕组，上、下齿压板，拉紧螺杆，端箍，端箍支架，基础板及引出线等部件组成。

17. 立式水轮发电机导轴承有何作用？

答：立式水轮发电机导轴承的作用是承受机组转动部分的径向不平衡力，使机组摆度在规定数值范围内运行。

18. 分块式导轴承主要由哪些部件组成？

答：分块式导轴承主要由轴领、导轴瓦、抗重螺栓（或楔子板）、轴承体、托板和压板、带有螺纹的套筒、油槽、油槽盖板、盖板密封、挡油管、隔板及冷却器等组成。

19. 水轮发电机主轴有何作用？

答：（1）起中间连接作用。

（2）承受机组在各种工况下的转矩。

（3）立式装置的机组，发电机主轴承受由于推力负荷所引起的拉应力。

（4）承受单边磁拉力和转动部分的机械不平衡力。

（5）如果发电机主轴与轮毂采用热套结构，还要承受径向配合力。

20. 一个性能良好的导轴承的主要标志是什么？

答：能形成足够的工作油膜厚度，瓦温应在允许范围之内，循环油路畅通，冷却效果好，油槽油面和轴瓦间隙满足设计要求，密封结构合理，不甩油，结构简单，便于安装和检修。

21. 试述推力轴承的型式及结构组成。

答：推力轴承按支柱型式不同，主要分为刚性支柱式、液压支柱式、平衡块式三种。

推力轴承一般由推力头、镜板、推力瓦、轴承座、油槽和冷却器等组成。

22. 设备装配应遵循哪些原则？

答：（1）回装要求：零部件经清扫、缺陷处理，并经过严格的检查达到规定的技术要求后，才可进行回装。

（2）装配程序：一般先难后易，先精密后一般，先内后外。

（3）需注意特别提出的注意事项，如拆前的零件编号、测量。

23. 磁轭叠片压紧常采用哪些方法？

答：（1）用辅助螺杆和套管压紧。

（2）用活动落地压架压紧。

（3）用简易液压器压紧。

24. 试述推力轴承油槽排油的程序。

答：推力轴承油槽排油的程序为测量并记录推力轴承油槽油位，检查推力轴承油槽外部管路上各个阀门的开闭位置正确无误后，与油库联系将推力轴承油槽里的油排掉，在排油时，打开通气孔并设专人监视，以防跑油。

25. 立式水轮发电机定子检修时，检查定子基础板螺栓、销钉和定子合缝处的状况，应符合哪些要求？

答：（1）基础螺栓应紧固，达到规定力矩值，螺母电焊处无开裂，销钉无窜位。

（2）分瓣定子机座组合缝间隙用 0.05mm 塞尺检查，在定子铁芯对应段以及组合螺栓和定位销周围不应通过。

（3）定子机座组合焊缝检查无裂纹。

（4）定子机座与基础板的接触面合缝间隙用 0.05mm 塞尺检查不能通过，允许有局部间隙，用 0.1mm 塞尺检查，深度不应超过组合面宽度的 1/3，总长度不应超过周长的 20%，组合螺栓及销钉周围不应有间隙，组合缝处的安装面错牙不宜超过 0.10mm。

26. 试述发电机转子起吊前如何试吊。

答：（1）当转子吊离 100～150mm 时，以 10～20mm 的小行程升降操作 2～3 次。

（2）检查起重机机构运行是否良好。

（3）用框型水平仪在轮毂加工面上测量转子的水平。

27. 造成机组在运行中振动偏大的机械因素有哪些？

答：（1）机组转动部分质量不平衡。

（2）主轴法兰连接不符合要求，引起摆度超过规定值。

（3）发电机和水轮机主轴不同心。

（4）推力轴承和导轴承调整不当。

（5）机组转动部分与静止部分发生碰撞。

（6）轴承座固定螺栓没上紧。

（7）励磁机安装不正。

（8）主轴变形。

（9）部件的固有频率与机组的旋转频率、电磁频率相等或相近。

（10）水平未调好。

28. 水轮发电机主轴有何作用?

答：（1）起中间连接作用。

（2）承受机组在各种工况下的转矩。

（3）立式机组，发电机主轴承受由于推力负荷引起的拉应力。

（4）承受单边磁拉力和转动部门的机械不平衡力。

（5）如果发电机主轴与转子轮毂采用热套结构，还要承受径向配合力等。

29. 振动的基本参数有哪些?

答：振动的基本参数有振动的振幅、频率、相位。

30. 如何研磨镜板?

答：将镜板面朝上，平稳放置在牢固的支架上，先用洁净的布将镜面擦净，再用细白布蘸酒精擦净，然后用两个外面包有细毛毡或呢子并均匀涂以研磨溶液的金属小平台研磨。转速可选择在 5～7r/min 为宜，转动方向为顺时针。

31. 机组的稳定性试验一般包括哪些试验工况?

答：机组的稳定性试验一般包括变速试验、变励磁试验、变负荷试验、甩负荷。

32. 简述水力机组盘车的作用、水力机组（轴流转桨式机组的盘车方式）盘车的条件及其步骤。

答：水力机组盘车的作用是测量机组轴线摆度、确定机组中心（求出轴线倾斜及折弯的部位大小）。

水力机组盘车的条件及其步骤：

（1）受油器已拆除（或未装）。

（2）上导轴承瓦已涂油并与轴领顶抱（间隙≤0.05mm）。

（3）推力轴承油冷器等部件已拆除，其油槽内有底油，供高压减载装置循环用油；高压减载装置处于备用。

（4）各被测表面先除锈，去毛刺，清扫。

（5）在水导轴承、法兰、上导轴承、受油器内外操作油管的$+X$、$+Y$两方向各设一块百分表（在推力支架内搭设平台、盘车和拆卸联轴螺栓用），并调零。

（6）推力轴承处于刚性，整个机组转动部分处于灵活状态（先启动高压减载装置油泵，再转动盘车）。

（7）拉动转子慢慢转动，每顺时针转动1/8圆周（即45°）时，停止盘车，水导轴承处用手推主轴，轴应能自由摆动，稳定后记录好各部位读数。

（8）盘车2～3圈，计算水轮机轴、发电机轴和受油器内外的轴线偏差。

33. 调节保证计算的任务是什么？

答：调节保证计算的任务是计算出机组过渡过程中（即甩负荷）的最大转速上升值和最大压力上升值，即解决水力惯性、机组惯性和调整性能三者的矛盾，以达到电能质量最佳（周波稳定）、水工建筑和机组造价最省的目的。

34. 引起机组振动的因素主要有哪几个方面？

答：（1）机械方面：主轴弯曲、推力头调整不良、间隙大、法兰接不紧、机组中心不对、转轮碰擦。

（2）水力方面：转轮设计不当、叶片开口不对、导叶开口不对、迷宫环间隙不均、叶尾厚度影响、空蚀影响、尾水管涡带影响等。

（3）电气方面：磁极不正常、相位不平衡、空气隙、负序电流等影响。

35. 悬式水轮发电机组主轴法兰的连接应具备什么条件？

答：（1）法兰组合面和联轴螺栓、螺母已经检查和处理合格，并用汽油、无水乙醇或甲苯仔细清扫干净。在联轴螺栓的螺纹与销钉部位涂上一层水银软膏或二硫化钼润滑剂，用白布盖好待用。

（2）与转轮组合成一体的水轮机主轴已按原方位就位，其高程比设计高程低法兰止口高度加上 2～6mm，止漏环的间隙已符合要求，主轴法兰的水平度已调至 0.02mm/m 以内。

（3）水轮机的有关大件，如导叶、顶盖、接力器和控制环等已吊入。

36. 当导水机构全关后机组长时间不能降低转速是何原因？

答：（1）导水机构导叶立面间隙和端面间隙严重损坏。

（2）导水机构的安全装置剪断销破断，使导叶不能完全切断水流。

37. 如何测定导水机构的压紧行程？若压紧行程偏小，应如何调整？

答：手动操作调速器使导叶全关。在两个接力器的导管上各放一标尺，以某一定点为标记，读得一个读数。关闭压油槽来油总阀门，同时将两个接力器闭侧排油阀打开放油。由于导水机构各部的弹性作用，使接力器活塞向开侧回复；这时标尺上又读得一数值；标尺上前后两次读数之差就是导水机构的压紧行程。

若导水机构的压紧行程偏小，可先将推拉杆连接螺母两端的背帽松开，根据压紧行程应增加的数值及连接螺母的螺距，计算出连接螺母应调整的圈数，连接螺母转动的方向应使推拉杆伸长，调整后再进行压紧行程测定，直至合格为止。

38. 试述导管直缸式接力器检修中的主要检查内容、装配质量要求及如何进行油压试验。

答：（1）主要检查内容：

1）检查、修理推拉杆上的螺纹。

2）检查接力器活塞的外圆面与缸体内壁应无严重磨损、拉毛及锈蚀，否则应用细油石磨光。

3）密封盘根应全部更新。

4）检查活塞销与销轴套的磨损、锈蚀及润滑情况。

5）检查锁定阀杆的磨损、弯曲情况。

6）检查活塞环的磨损情况。

（2）接力器装配质量要求：

1）接力器活塞动作应灵活，导管处水平偏差不超过 0.01mm/m。

2）两个接力器的活塞行程相互偏差不大于 1mm。

3）接力器与控制环或两推拉杆的相对高程差，不应大于 0.5mm。

4）活塞在关闭位置时，锁定闸板与导管端部间隙应符合图纸要求。

（3）接力器装配后，应进行油压试验，试验压力为工作压力的 1.25 倍，在此压力下保持 30min，整个试验过程应无渗漏。

39. 简述转桨式水轮机的协联关系现场试验方法及意义。

答：转桨式水轮机的协联关系是指水轮机的水头、叶片转角、活动导叶开度之间的参数关系。

转桨式水轮机的协联关系基于相似模型试验，但由于模型试验一般不能准确地重现原型进口条件，以及由于比尺效应和加工制造等因素的误差，还需要进行真机现场试验。试验方法：在某一水头下，固定转轮桨叶在几个不同角度，对于每一个桨叶转角改变活动导叶的不同开度测量完成，并获得不同水头下的转轮桨叶转角的相对效率曲线和其他曲线，最终获得协联关系曲线。

协联关系试验的目的是获得不同水头下导叶开度和桨叶转角之间最好的机组性能。即获得最大的机组效率、最小的振动和噪声、最好的稳定性，并为标定自动协联关系等提供应用和研究。

协联关系最终实现是通过调速器来实现的，对于机械调速器由三维凸轮来实现协联；对于微机调速器由程序编写来实现协联，程序输入可以是坐标和函数输入，微机调速器可以非常方便地改变、增减协联曲线。

40. 试述推力油槽渗漏试验主要检查部位及检查方法。

答：推力油槽渗漏试验主要检查挡油管和油槽、油槽边和油槽底的密封状况。

为减少煤油的用量，可用和好的面粉条隔挡在组合缝的周围，倒上 10～20mm 深的煤油，将油槽的外组合缝处擦干净，抹上粉笔灰，经过 6～8h 检查抹上的粉笔灰应无渗漏的痕迹。

41. 简述悬式发电机转子吊入前应具备的条件。

答：（1）发电机的定子、转子已检修完毕，经检查合格并清扫、喷漆。

（2）水轮机的转动部分已吊入就位，或水轮机主轴法兰的中心、标高、水平已符合要求。

（3）位于转子下方的部件，如发电机部件、水导轴承、导水机构、主轴密封各部件，已安装就位或已预先吊入。

（4）制动风闸已安装、加垫、找平。

42. 机组扩大性大修时，拆机前机械部分应主要测量哪些数据?

答：（1）水轮机转轮上、下迷宫环间隙。

（2）对分块瓦，水导轴颈至水导轴承支架内圈的距离。

（3）发电机空气间隙。

（4）上导轴颈至瓦架内圈的距离。

（5）水轮机大轴法兰的标高。

（6）在尚未顶转子的情况下，测量镜板至瓦架的距离。

（7）上、下机架水平，镜板水平。

43. 试述发电机转子吊入前制动风闸顶面高程的调整方法。

答：（1）对于锁定螺母式的制动风闸，测量制动风闸顶面的高程，调整时，可用手扳动螺母旋转，使制动风闸顶面高程调到所需的位置。

（2）对于锁定板式的制动风闸，首先要把制动风闸顶面的活塞提起，将锁定板锁定扳到锁定位置；然后落下活塞，在各制动风闸顶面上加垫，使其高程调到所需的位置。

六、计算题

1. 已知某发电机热打磁轭键时，要求磁轭单侧紧量 δ 为 0.05mm，磁轭键斜率 j 为 1/200，试求磁轭键打入深度。

解：根据磁轭键打入深度的计算公式，则

$$h = \delta / j = 0.05 / (1/200) = 10 （mm）$$

答：磁轭键打入深度为10mm。

2. 已知某悬式机组法兰处净摆度：1 号及 5 号轴位摆度值为 $\phi_1 = \phi_5 = -14$，2 号及 6 号轴位摆度值为 $\phi_2 = \phi_6 = -35$，3 号及 7 号轴位摆度值为 $\phi_3 = \phi_7 = -20$，4 号及 8 号轴位摆度值为

$\phi_4 = \phi_8 = 0$，推力头底面直径 D 为 2m，上导轴承距法兰测点距 L 为 5m，求推力头或绝缘垫的最大刮削量为多少？（题中摆度值单位为 0.01mm）

解：法兰最大斜度为

$$j_{max} = \phi_{max} / 2 = 35 / 2 = 17.5$$

故推力头或绝缘垫的最大刮削量为

$$\delta = j_{max}D/L = 17.5 \times 2/5 = 0.07 \text{（mm）}$$

答：推力头或绝缘垫的最大刮削量为 0.07mm。

3. 水轮发电机制动用风闸共有 4 个，其活塞直径 d＝12cm，低压气压 p＝50N/cm^2，风闸闸板与制动环摩擦系数 f＝0.4，风闸对称分布，风闸中心到机架中心距离 s 为 46cm，试求刹车时作用在转子上的制动力偶矩。

解：每个风闸的制动力 F 为

$$F = \pi d^2 / 4 \times p \times f = \pi \times 12^2 /4 \times 50 \times 0.4 = 2262 \text{（N）}$$

刹车时作用在转子上的制动力偶矩 M 为

$$M = 4 \times F \times s = 4 \times 2262 \times 0.46 = 4162 \text{（N·m）}$$

答：刹车时作用在转子上的制动力偶矩为 4162N·m。

4. 某机组在盘车时测得上导轴承、法兰及水导轴承处的测量数值如表 2-1 所示，试求出法兰和水导轴承处的最大摆度值及方位。

表 2-1　　　　　　　摆 度 值 δ　　　　　　×0.01mm

摆度名称 部位—轴承号	1	2	3	4	5	6	7	8
法兰—上导轴承	－13	－25	－20	－14	1	10	0	－7
水导轴承—下导轴承	－9	－22	－33	－24	－10	2	11	－2

注　法兰—上导轴承 1 的摆度值表示为 δ_{f1}，余同。

解：（1）法兰处四个方位的摆度值分别如下：

法兰处 5-1 方向摆度值为

$$\delta_{f5-1}=\delta_{f5}-\delta_{f1}=1-(-13)=14=0.14（mm）$$

法兰处 6-2 方向摆度值为

$$\delta_{f6-2}=\delta_{f6}-\delta_{f2}=10-(-25)=35=0.35（mm）$$

法兰处 7-3 方向摆度值为

$$\delta_{f7-3}=\delta_{f7}-\delta_{f3}=0-(-20)=20=0.20（mm）$$

法兰处 8-4 方向摆度值为

$$\delta_{f8-4}=\delta_{f8}-\delta_{f4}=-7-(-14)=7=0.07（mm）$$

答：法兰处的最大摆度值为 0.35mm，在 6-2 方向。

（2）水导轴承处四个方位的摆度值分别如下：

水导轴承处 5-1 方向摆度值为

$$\delta_{s5-1}=\delta_{s5}-\delta_{s1}=-10-(-9)=-1=-0.01（mm）$$

水导轴承处 6-2 方向摆度值为

$$\delta_{s6-2}=\delta_{s6}-\delta_{s2}=2-(-22)=24=0.24（mm）$$

水导轴承处 7-3 方向摆度值为

$$\delta_{s7-3}=\delta_{s7}-\delta_{s3}=11-(-33)=44=0.44（mm）$$

水导轴承处 8-4 方向摆度值为

$$\delta_{s8-4}=\delta_{s8}-\delta_{s4}=-2-(-24)=22=0.22（mm）$$

答：水导轴承处的最大摆度值为 0.44mm，在 7-3 方向。

第三章

调速器及油水气系统

一、判断题

1. 空载扰动试验所选出的调节系数主要是满足机组空载运行的稳定性。　　　　　　　　　　　　　　　　　（√）

2. 水轮机调节系统静特性曲线也叫机组静特性曲线。

（√）

3. 在水电站油、水、气系统管路中，供气管路为白色。

（√）

4. 机组启动试运行前调速系统及其设备应调试合格。油压装置压力、油位正常，透平油化验合格。各部表计、阀门、自动化元件均已整定符合要求。　　　　　　　　　　　（√）

5. 机组启动试运行前进行调速系统检查时，应采用自动操作将油压装置的压力油通向调速系统，检查各油压管路、阀门、接头及部件等均无渗油现象。　　　　　　　　　　（×）

6. 机组启动试运行前进行调速器检查时可采用紧急关闭方法初步检查导叶全开到全关所需时间，关闭时间应符合设计要求。　　　　　　　　　　　　　　　　　　　　（√）

7. 机组启动试验前，应对调速器自动操作系统进行模拟操

作试验，检查自动开机、停机和事故停机各部件动作的准确性和可靠性。 （√）

8. 油压装置的压力容器可采用油－气接触式压力罐，也可采用油－气隔离式蓄能器。油－气接触式压力罐的工作油压不宜超过 15MPa。 （×）

9. 组合式和分离式油压装置应至少设置 2 台油泵，每台油泵的输油量足以补充漏油量，并至少有 1.5 倍的安全系数。

（×）

10. 油压装置各压力信号器整定值的动作偏差，应为整定值的 −2%～+2%。 （√）

11. 当油压低于正常工作油压下限的 3%～5%时，备用油泵应启动；当油压继续降低至事故低油压时，作用于快速事故停机的压力信号器应立即动作。 （×）

12. 水轮机调节系统应能诊断水头信号故障。水头信号故障时可切换至人工水头信号，切换时水轮机主接力器的位移变化应在其全行程的±5%范围内，同时发出报警信息。 （×）

13. 调速器应能诊断增减负荷故障，拒绝执行错误指令，防止机组有功功率越限运行。 （√）

14. 通过测试、辨识，建立与实际水轮机调节系统结构一致的系统数学模型，即原型模型。 （√）

15. 热处理过程是使固态金属加热的工艺过程。 （×）

16. 金属材料的性能一般分使用性能和工艺性能两类。

（√）

17. 热处理对充分发挥材料的潜在能力，节约材料，降低成本有着重要意义。 （√）

18. 凡带螺纹的零件，其内外螺纹总是成对配合使用，而

且它们的螺纹要素必须完全一致。　　　　　　　　　（√）

19. 油管路包括压力油管路、进油管路、排油管路和漏油管路。　　　　　　　　　　　　　　　　　　　　　（√）

20. 透平油在设备中的作用仅起润滑作用。　　　（×）

21. 绝缘油在设备中的作用是绝缘、散热和消弧。　（√）

22. 一个良好的通风系统的唯一标志是，水轮发电机实际运行产生的风量应达到设计值并略有余量。　　　　（×）

23. 根据中国华电集团公司《水电企业安全设施配置标准》要求，油水气系统管道中，供油管、排油管的标准颜色分别是黄色、红色。　　　　　　　　　　　　　　　　　（×）

二、单选题

1. 水轮机调节系统频率测量分辨率，对于大型及重要电站的机组应小于＿＿＿＿＿Hz。（C）

A. 0.001　　　　　　　　　　B. 0.002

C. 0.003　　　　　　　　　　D. 0.004

2. 油压装置的压力容器可采用油－气接触式压力罐，也可采用油－气隔离式蓄能器。油－气接触式压力罐的工作油压不宜超过＿＿＿＿＿MPa。（D）

A. 8　　　　　　　　　　　　B. 10

C. 12　　　　　　　　　　　　D. 12.5

3. 油压装置系统油温应保持在＿＿＿＿＿℃，否则应设置油温调节装置（冷却器和/或加热器）。（A）

A. 10～50　　　　　　　　　　B. 20～40

C. 10～40　　　　　　　　　　D. 20～50

4. 在工作油压上限，油－气接触式的压力罐内油和空气体

积比规定为_____。（C）

A. 1/2～1/4　　　　　　　B. 1/3～1/4

C. 1/3～1/2　　　　　　　D. 1/3～1/5

5. 当油压装置油压低于正常工作油压下限的_____时，备用油泵应启动；当油压继续降低至事故低油压时，作用于快速事故停机的压力信号器应立即动作。（A）

A. 6%～8%　　　　　　　B. 7%～8%

C. 5%～8%　　　　　　　D. 3%～8%

6. 绝缘油在设备中的作用是_____。（C）

A. 润滑、绝缘和消弧　　　B. 密封、绝缘和防护

C. 绝缘、散热和消弧　　　D. 防护、散热和消弧

7. 水轮发电机推力轴承所用油为_____。（A）

A. 透平油　　　　　　　　B. 机械油

C. 压缩机油　　　　　　　D. 齿轮箱油

8. 滑动轴承选择润滑剂时以_____为主要指标。（B）

A. 闪点　　　　　　　　　B. 黏度

C. 密度　　　　　　　　　D. 酸值

9. 透平油在推力油槽及上导轴承油槽中起散热作用，在水电站其他方面还有_____作用。（A）

A. 润滑　　　　　　　　　B. 减小推力

C. 绝缘　　　　　　　　　D. 节约能源

10. 机械在承受压力大、运动速度慢、精度要求低的场合，应选用_____的润滑油。（B）

A. 黏度小　　　　　　　　B. 黏度大

C. 蒸发点高　　　　　　　D. 任何

11. 根据中国华电集团公司《水电企业安全设施配置标准》

要求，油水气系统管道中，供油管、排油管、供水管、排水管
的颜色分别是_____。（C）

  A. 黄、红、绿、蓝   B. 黄、红、蓝、绿

  C. 红、黄、蓝、绿   D. 红、黄、绿、蓝

三、多选题

  1. 调速器主要组成部分为_____。（ABCD）

  A. 测量元件   B. 放大元件

  C. 执行元件   D. 反馈元件

  2. 油压装置的阀组包括_____。（ABD）

  A. 减载阀   B. 止回阀

  C. 配压阀   D. 安全阀

  3. 水电站技术供水的作用是_____。（BC）

  A. 灭火   B. 冷却

  C. 润滑   D. 绝缘

  4. 电站压缩空气的作用主要包括_____。（ABCD）

  A. 油压装置压油槽充气 B. 机组停机制动用气

  C. 调相压水用气   D. 风动工具及吹扫用气

  5. 水轮机工作时调速器的调节模式主要有_____。（ABC）

  A. 转速调节   B. 开度调节

  C. 功率调节   D. 位置调节

  6. 调速系统充油量包括_____的充油量。（ABC）

  A. 油压装置   B. 压力油管

  C. 接力器油筒   D. 导轴承

  7. 电站技术供水的方式主要有_____及其他供水方式。

（ABCD）

A. 自流供水　　　　　　　　B. 水泵供水

C. 混合供水　　　　　　　　D. 射流泵供水

8. 装有混流式水轮机的坝后式水电站，厂内渗漏水量主要来自_____。（ACD）

A. 水轮机顶盖漏水　　　　　B. 冷却器漏水

C. 大轴密封漏水　　　　　　D. 坝体渗漏水

9. 水电站油、水、气系统管道和阀门_____应涂刷红颜色的油漆和标志。（AB）

A. 进油管　　　　　　　　　B. 压力油管

C. 供水管　　　　　　　　　D. 回油管

10. 主变压器消防水泵检修措施有_____。（ABC）

A. 拉开动力电源　　　　　　B. 拉开控制电源

C. 关进、出口阀　　　　　　D. 取下表计熔丝

11. 机组进行_____工作时，必须关机组进水闸门，进行蜗壳排水。（ABD）

A. 发电机小修　　　　　　　B. 压力钢管检查

C. 发电机内部检查　　　　　D. 导叶动作试验

12. 检修排水泵排水容积一般包括_____和压力管道积存水，上、下游闸门漏水量。（AB）

A. 蜗壳内积水　　　　　　　B. 尾水管积存水

C. 机组冷却水　　　　　　　D. 坝体渗漏水

13. 当水轮机调节系统出现_____现象时，应立即停机退出运行。（ACD）

A. 油压装置系统故障不能维持正常油压

B. 调速器机械液压系统渗漏油现象轻微

C. 调速器机械液压系统卡阻严重

D. 自动或手动方式不能正常维持接力器位置稳定

14. 一个良好的通风系统的基本要求是＿＿＿。（ABCD）

A. 水轮发电机运行实际产生的风量应达到设计值并略有余量

B. 各部位的冷却风量应分配合理，各部分温度分配均匀

C. 风路简单，损耗较低

D. 结构简单，加工容易，运行稳定及检修方便

15. 透平油在水电站设备中的主要作用有＿＿＿。（ABD）

A. 润滑　　　　　　　　　　B. 散热

C. 绝缘　　　　　　　　　　D. 液压操作

16. 下列属于压缩空气系统组成部分的是＿＿＿。（ABCD）

A. 空气压缩装置　　　　　　B. 供气管网

C. 测量和控制元件　　　　　D. 用气设备

17. 下列关于发电机油、气、水管路的着色的说法，正确的有＿＿＿。（ABC）

A. 供油管为红色　　　　　　B. 排油管为黄色

C. 供水管为蓝色　　　　　　D. 排水管为白色

18. 水轮发电机组的轴承一般都是浸没在油槽中，用透平油进行润滑。按照冷却器的布置位置，可以分为＿＿＿。（AB）

A. 内部冷却　　　　　　　　B. 外部冷却

C. 自然冷却　　　　　　　　D. 强制冷却

19. 水电站的供水包括＿＿＿。（ABC）

A. 技术供水　　　　　　　　B. 消防供水

C. 生活供水　　　　　　　　D. 生态供水

20. 下列关于水轮发电机通风及冷却系统的有关要求，正确的有＿＿＿。（ABCD）

A. 水轮发电机优先采用定子绕组、转子绕组及定子铁芯均为空气冷却的全空冷方式

B. 中、低速水轮发电机宜采用密闭自循环径向双路或径向单路的端部或旁路（混合）回风的无风扇通风系统

C. 水直接冷却的定子线棒之间以及线棒和极间连接线之间的连接接头，应采用水电隔离的结构，且接头应易于检查和更换

D. 空气冷却器和油冷却器的纯水处理系统配置的水泵、机械过滤器、离子交换器、水－水热交换器等设备元器件应有冗余配置

21. 下列关于水轮发电机制动系统的有关要求，正确的有＿＿＿。（AC）

A. 水轮发电机应装设一套采用压缩空气操作的机械制动装置

B. 水轮发电机采用机械制动时，其压缩空气压力一般为0.9～1.2MPa

C. 制动器在制动过程中活塞应动作灵敏、复位迅速

D. 装设有电气制动装置的水轮发电机，当采用电气制动和机械制动配合时，在机组转动部分的转速下降到 40%额定转速时，按设置的程序电气制动系统首先投入运行；转速继续下降到额定转速的 5%～10%时，再投入机械制动系统直接停机

四、填空题

1. 现代水轮机微机调速器一般有频率调节、开度调节、功率调节等调节模式。

2. 混流机组调速系统充油量包括油压装置、压力油管、接

力器油筒的充油量。

3. 水电站辅助设备主要包括<u>油系统</u>、<u>气系统</u>、<u>技术供排水系统</u>和水轮机进水阀（主阀）。

4. 透平油在水电站设备中的主要作用有<u>润滑</u>、<u>散热</u>、<u>液压操作</u>。

5. 绝缘油在水电站设备中的主要作用有<u>绝缘</u>、<u>散热</u>、<u>消弧</u>。

6. 技术供水系统由水源、<u>管网</u>、<u>用水设备</u>、<u>量测控制元件</u>等组成。

7. 根据中国华电集团公司《水电企业安全设施配置标准》要求，油水气系统管道中，排油管、排水管的标准颜色分别是<u>黄色</u>、<u>绿色</u>。

8. 水电站油系统中油的常用净化措施有<u>沉降法</u>、<u>压力过滤法</u>、真空分离法以及吸附剂法。

9. 调速器中 PID 调节的 P 代表比例参数，I 代表<u>积分</u>参数，D 代表<u>微分</u>参数。

10. 机组甩 100%额定负荷后，从接力器第一次向开启方向移动起，到机组转速摆动值超过±0.5%为止所经历的时间应不大于<u>40s</u>。

五、简答题

1. 水轮机调节的基本任务是什么？

答：按照用户负荷变化引起的机组转速（或频率）变化，调节进入水轮机的流量（即水能），从而改变发电机输出的有功功率（即电能），适应用户负荷变化的要求，以达到随时维持发电与用电的电力平衡，确保供电频率 50Hz 及其偏差不超过允许范围。

2. 技术供水系统的水温、水压和水质不满足要求时，会有什么后果？

答：（1）水温。用水设备的进水温度在 4～25℃ 为宜，进水温度过高会影响发电机的出力，进水温度过低会使冷却器铜管外凝结水珠，以及沿管长方向因温度变化太大造成裂缝而损坏。

（2）水压。为保持需要的冷却水量和必要的流速，要求进入冷却器的水有一定的压力。冷却器进水压力一般为 0.2MPa，进水压力下限取决于冷却器中的阻力损失，只要冷却器的进口水压足以克服冷却器内部压降及排水管路的水头损失即可。

（3）水质。水质不满足要求会使冷却器水管和水轮机轴颈面产生磨损、腐蚀、结垢和堵塞。

3. 深井泵运行正常但不上水的原因有哪些？

答：（1）泵体淹没深度不够或吸水管露出水面（地下水位下降）。

（2）水中泥沙或杂物堵塞叶轮导水壳流道或吸水网。

（3）传动轴断裂、电压过低。

（4）叶轮松脱。

（5）输水管断裂或脱扣。

4. 试述渗漏排水泵检查项目及安全注意事项。

答：（1）辅助设备运行正常，轴承、轴套无过热，各轴承固定螺栓无松动。

（2）盘根漏水正常。

（3）水压表、真空表的指示检查应稳定。

（4）排水泵振动情况检查，振动不能过大。

（5）不乱动运行中设备，不能用手触摸转动部分，防止衣物卷入转动部分。

5. 离心泵装配完毕后应检查哪些内容?

答:(1)水泵转动是否灵活。

(2)轴承是否注好油。

(3)管路法兰是否接好。

(4)填料、盘根是否装好。

第四章

水 工 金 属 结 构

一、判断题

1. 闸门、拦污栅、压力钢管、启闭机应进行腐蚀防护处理。
（√）

2. 水工钢闸门和启闭机安全检测抽检项目应根据同类型闸门孔数和同类型启闭机台数，按比例抽样检测。当闸门孔数为 6～10 时，抽样比例为 50%～30%。（√）

3. 水工钢闸门和启闭机安全检测应定期进行，检测周期可根据水工钢闸门和启闭机的运行时间及运行状况确定。（√）

4. DL/T 835《水工钢闸门和启闭机安全检测技术规程》中，腐蚀程度为 D 级定义为"蚀坑较深且密集成片，构件局部有很深的蚀坑，深度在 3.0mm 以上，并有蚀损，出现孔洞、缺肉等现象。构件已严重削弱。"（√）

5. 对水工钢闸门主要受力焊缝内部缺陷应进行渗透探伤或超声波探伤，两种方法任选一种。（×）

6. 水工钢闸门和启闭机结构静应力检测宜在实际水头接近设计水头时进行。（√）

7. 检测快速闸门启闭力时，应做好手动停机的准备，以防

闸门过速下降。 （√）

8. 压力钢管首次检测后，每隔 10～15 年应进行一次中期检测，满 40 年必须进行折旧期满安全检测，以确定钢管是否可以继续服役及必须采取的加固措施。 （√）

9. 压力钢管应力检测分为静水压力作用下的静应力检测和机组甩负荷产生水击时的动应力检测。 （√）

10. 与蝶阀比较，球阀有密封性好、活门全开时水力损失极小等优点。 （√）

11. 机组正常停机或检修时，进水阀门可不关闭。

（×）

12. 进水阀门活门可作调节流量用。 （×）

13. 蝶阀活门的型线设计应避免卡门涡引起的振动。

（√）

14. 在进水阀门两侧压力差不大于 30%最大静水压时，应能正常开启。 （√）

15. 进水阀在全开、全关位置应设置可靠的自动液压锁锭装置和检修用的手动机械锁锭装置。 （×）

16. 压力钢管静应力检测宜在钢管的作用水头接近设计水头时进行，检测应重复进行 2 遍，每遍检测的数据采集次数应不小于 3 次。 （√）

17. 水轮发电机组启动试运行前进行尾水闸门检查时，应确保尾水闸门启闭情况良好并处于开启位置。 （×）

18. 通气孔的位置应在有压进水口的事故闸门之前。作用是引水道充气时用以排气；事故闸门紧急关闭放空引水道时，用以补气，以防出现有害真空。 （×）

19. 充水阀作用是开启闸门前向引水道充水，平衡闸门前

后水压，以便在静水中开启闸门，从而减小启门力。 （√）

20. 若某小型电站进水室，布置了两个事故工作闸门，可共用一台启闭机。 （×）

21. 钢管的自重和其内部的水重均会对钢管产生轴向分力。 （×）

22. 地下埋管的破坏事故多数由外压失稳造成。 （√）

23. 水电站的工作阀门必须在动水中开启和关闭。 （×）

24. 压力水管产生水击现象的根本原因是水流惯性和水管弹性的相互作用引起的。 （√）

25. 阀门关闭发生水锤时，阀门处的水锤压强幅值变化大、持续性长，因此该处所受的危害最大。 （√）

26. 提机组进水口闸门前最重要的是闸门前后水压平衡，机组的调速系统正常。 （√）

27. 水轮机在甩负荷时，尾水管内出现真空，形成反向轴向力，使机组转动部分被抬高一定高度，这种现象叫抬机。 （√）

二、单选题

1. 水轮发电机充水试验，充水前应确认进水口检修闸门和工作闸门处于关闭状态，确认水轮机进水阀处于关闭状态，_____处于关闭状态。（A）

A. 蜗壳取/排水阀、尾水管排水阀

B. 导水机构

C. 尾水洞闸门

D. 蜗壳旁通阀

2. 蝶阀全开时的阻力系数应小于_____。（A）

A. 0.15   B. 0.2

C. 0.25   D. 0.3

3. 压紧式周围密封的蝶阀活门在全关时要有_____的倾斜角度。（B）

A. 0°～5°   B. 5°～10°

C. 10°～15°   D. 15°～20°

4. 在进水阀门两侧压力差不大于_____最大静水压时，应能正常开启。（B）

A. 25%   B. 30%

C. 35%   D. 40%

5. 进水阀门应设置旁通阀，或采用能起相同作用的其他结构。旁通阀的公称直径一般为进水阀门公称直径的_____。（B）

A. 5%   B. 10%

C. 15%   D. 20%

6. 无损探伤人员应持有由主管部门批准的技术资格鉴定考试委员会签发的与其工作相适应的技术资格证书。探伤结果应由持有_____级及以上证书的探伤人员进行评定。（B）

A. Ⅰ   B. Ⅱ

C. Ⅲ   D. Ⅳ

7. 抽检项目应根据同类型闸门孔数和同类型启闭机台数，按比例抽样检测。当闸门孔数为 11～20 时，抽样比例为_____。（C）

A. 100%～50%   B. 50%～30%

C. 30%～20%   D. 20%～10%

8. 水工钢闸门和启闭机第一次安全检测后，根据工程实际运行情况，应每隔_____年对水工钢闸门和启闭机进行一次定期

安全检测。（C）

　　A. 3～5　　　　　　　　B. 5～10

　　C. 10～15　　　　　　　D. 15～20

　　9. 凡投入运行超过＿＿＿＿年未进行安全检测的水工钢闸门和启闭机，应立即进行一次全面的安全检测。（B）

　　A. 3　　　　　　　　　　B. 5

　　C. 15　　　　　　　　　D. 20

　　10. 构件蚀余尺寸的测量根据闸门和启闭机结构型式划分若干测量单元，每单元检测截面测点不少于＿＿＿＿个。（A）

　　A. 2　　　　　　　　　　B. 3

　　C. 4　　　　　　　　　　D. 5

　　11. 二类焊缝，超声波探伤应不少于＿＿＿＿，射线探伤应不少于＿＿＿＿。（C）

　　A. 5%，5%　　　　　　　B. 5%，10%

　　C. 10%，5%　　　　　　 D. 10%，10%

　　12. 在结构静应力检测中，每一级荷载应重复检测＿＿＿＿遍，每次检测数据采集应不少于＿＿＿＿次。（B）

　　A. 2，2　　　　　　　　　B. 2，3

　　C. 3，2　　　　　　　　　D. 3，3

　　13. 闸门启闭机动载试验应在全扬程范围内进行＿＿＿＿次。（B）

　　A. 2　　　　　　　　　　B. 3

　　C. 4　　　　　　　　　　D. 5

　　14. 移动式闸门启闭机应进行行走试验，试验荷载为＿＿＿＿倍设计行走荷载。（A）

　　A. 1.1　　　　　　　　　B. 1.2

C. 1.3   D. 1.4

15. 当水电站压力管道的管径较大、水头不高时，通常采用的主阀是＿＿＿＿。（A）

A. 蝶阀   B. 闸阀

C. 球阀   D. 其他

16. 为避免明钢管管壁在环境温度变化及支座不均匀沉降时产生过大的应力及位移，常在镇墩的下游侧设置＿＿＿＿。（B）

A. 支承环   B. 伸缩节

C. 加劲环   D. 支墩

17. 水电站压力钢管末端的主阀采用＿＿＿＿阀门类型，其水力条件最好。（B）

A. 闸阀   B. 球阀

C. 蝶阀   D. 针型阀

18. 当压力钢管的管壁厚度不能满足抗外压稳定时，通常比较经济的工程措施是＿＿＿＿。（B）

A. 加大管壁厚度   B. 设加劲环

C. 设支承环   D. 设伸缩节

19. 直锥型尾水管适用于＿＿＿＿水轮机。（D）

A. 大型   B. 大中型

C. 中型   D. 小型

20. 用十字补气架向尾水管里补气，主要是为了减少＿＿＿＿空蚀对机组运行的影响。（D）

A. 间隙   B. 局部

C. 翼型   D. 空腔

21. 当水电站水头大于 200m 时，水轮机的进水阀宜使用＿＿＿＿。（B）

A. 快速阀门　　　　　　　　B. 球阀

C. 蝶阀　　　　　　　　　　D. 其他

22. 蝶阀在开启之前为了_____，放掉空气围带中的空气。
（B）

A. 减小蝶阀动作的摩擦力

B. 防止蝶阀空气围带损坏

C. 为了工作方便

D. 为了充水

23. 水轮机进水口快速闸门的作用是_____。（A）

A. 防止机组飞逸　　　　　　B. 调节进水口流量

C. 正常时落门停机　　　　　D. 泄水时提门

24. 在水轮机进水蝶阀旁设旁通阀是为了使_____。（B）

A. 它们有自备的通道

B. 开启前充水平压

C. 阀门或蝶阀操作方便

D. 检修排水

25. 闸门顶与水面平齐，其静水压强分布图是个_____形。
（A）

A. 三角　　　　　　　　　　B. 矩

C. 梯　　　　　　　　　　　D. 圆

26. 一般水轮机进水蝶阀适用水头在_____m。（C）

A. 90～120　　　　　　　　B. 70～100

C. 200 以下　　　　　　　　D. 50～140

27. 钢管排水阀一般设在进人孔的_____。（A）

A. 上游侧　　　　　　　　　B. 下游侧

C. 平行位置　　　　　　　　D. 其他位置

28. 一般钢管进人孔开在向下斜＿＿＿处。（B）

A. 30°   B. 45°

C. 60°   D. 75°

29. ＿＿＿称为主阀。（D）

A. 进水口的工作闸门

B. 进水口的检修闸门

C. 尾水管的检修闸门

D. 水轮机蜗壳前的阀门

30. 蝶阀阀体内安装了可绕轴转动的＿＿＿形活门。（D）

A. 三角   B. 矩

C. 梯   D. 圆

31. 有压进水口事故闸门的工作条件是＿＿＿。（B）

A. 动水中关闭、动水中开启

B. 动水中关闭、静水中开启

C. 静水中关闭、动水中开启

D. 静水中关闭、静水中开启

32. 1/50mm 游标卡尺，游标上 50 小格与尺身上＿＿＿mm 对齐。（C）

A. 39   B. 19

C. 49   D. 29

33. 在液压传动中，用＿＿＿来改变活塞的运动方向。（B）

A. 节流阀   B. 换向阀

C. 压力阀   D. 调速阀

34. 采用双螺母连接是为了＿＿＿。（B）

A. 提高螺纹连接的刚度   B. 防止松动

C. 结构上的需要   D. 加强螺母的强度

35. 拉伸试验时，试样拉断前能承受的最大应力称为材料的＿＿＿。（D）

A. 屈服点　　　　　　　　B. 疲劳强度

C. 弹性极限　　　　　　　D. 抗拉强度

36. 调质处理就是＿＿＿的热处理。（C）

A. 淬火＋低温回火　　　　B. 淬火＋中温回火

C. 淬火＋高温回火　　　　D. 淬火＋正火

37. 滚动轴承外圈与轴承座孔的配合为＿＿＿。（B）

A. 基孔制　　　　　　　　B. 基轴制

C. 混合制　　　　　　　　D. 任意

38. 45 钢的含碳量为＿＿＿。（B）

A. 0.045%　　　　　　　　B. 0.45%

C. 4.5%　　　　　　　　　D. 45%

39. 下列不属于化学热处理的是＿＿＿。（D）

A. 渗碳　　　　　　　　　B. 渗氮

C. 碳氮共渗　　　　　　　D. 调质

40. 作为液压系统中控制部分的液压元件是＿＿＿。（C）

A. 油泵　　　　　　　　　B. 油缸

C. 液压阀　　　　　　　　D. 油箱

41. 床身导轨在垂直平面＿＿＿误差，直接反映被加工零件的直线度误差。（B）

A. 精度　　　　　　　　　B. 直线度

C. 平行度　　　　　　　　D. 圆跳动

42. 泵串联工作时，扬程会＿＿＿。（A）

A. 上升　　　　　　　　　B. 下降

C. 不变　　　　　　　　　D. 未知

43. 传动比大而且准确的有＿＿＿。（D）

A. 带传动 　　　　　　　　B. 链传动

C. 齿轮传动 　　　　　　　D. 蜗杆传动

44. 在满足产品性能的前提下，零件的加工精度应尽可能地＿＿＿。（B）

A. 高 　　　　　　　　　　B. 低

C. 高或低 　　　　　　　　D. 为零

45. 钻直径超过 30mm 的大孔一般要分两次钻削，先用＿＿＿倍孔径的钻头钻孔，然后用与要求的孔径一样的钻头扩孔。（B）

A. 0.3～0.4 　　　　　　　B. 0.5～0.7

C. 0.8～0.9 　　　　　　　D. 1～1.2

46. 拧紧成组螺母时，为使被连接件及螺杆受力均匀一致，必须按一定顺序分次逐步拧紧，其一般原则为＿＿＿。（A）

A. 从中间向两边对称地扩展

B. 从两边向中间对称地扩展

C. 从两边向中间对角线地扩展

D. 从中间向两边对角线地扩展

三、多选题

1. 进水阀门结构应能在不拆开阀体的情况下，更换＿＿＿零件。（ABC）

A. 蝶阀的轴颈密封及活门周围密封

B. 球阀的轴颈密封及活门周围密封

C. 阀轴轴瓦

D. 活塞止水环

2. 腐蚀检测的内容有_____。（ABCD）

A. 腐蚀部位及其分布状况

B. 蚀坑（或蚀孔）的深度、大小、发生部位密度

C. 严重腐蚀面积占闸门和启闭机构件表面积的百分比

D. 腐蚀构件的蚀余截面尺寸

3. 闸门止水外观检测应记录的内容有_____。（ABCD）

A. 柔性止水的磨损、老化、龟裂、破损

B. 刚性止水的压痕、摩擦、磨蚀

C. 止水垫板、压板、挡板的腐蚀及缺件

D. 螺栓的腐蚀及缺件

4. 闸门槽外观检测记录包括的内容有_____。（ABC）

A. 门槽混凝土的剥蚀及对闸门运行的影响

B. 主轨、侧轨、反轨、止水座板及闸槽护角的磨损、腐蚀、脱落、缺件、错位

C. 钢胸墙的腐蚀、裂缝及妨碍闸门运行的凸起等，一、二期混凝土接缝的渗漏

D. 平压设备的完整性及可靠性

5. 启闭机减速器性能状态检测包括的内容有_____。（ABCD）

A. 减速器的油质、油量、渗漏等

B. 轴承磨损、破损、润滑

C. 齿轮啮合状况，齿面腐蚀、磨损、胶合情况，必要时测齿面硬度

D. 运转噪声

6. 对于受力复杂、易于产生疲劳裂纹的零部件，应采用_____方法进行表面裂纹检查。（AB）

A. 渗透探伤　　　　　　　B. 磁粉探伤

C. 射线探伤　　　　　　　D. 超声波探伤

7. 对于受力复杂、易于产生疲劳裂纹的零部件，发现裂纹时，应进行＿＿＿，以确定裂纹走向、长度及深度。（CD）

A. 渗透探伤　　　　　　　B. 磁粉探伤

C. 射线探伤　　　　　　　D. 超声波探伤

8. 应力检测测点布置应遵循的基本原则有＿＿＿。（ABC）

A. 在满足检测项目的前提下，测点宜少不宜多

B. 测点必须有代表性，应选择高应力区布点，便于分析和计算

C. 为了保证检测数据的可靠性，应布置适量的校核测点

D. 按照结构对称布置测点

9. 闸门启闭试验工作开始前，必须满足的条件有＿＿＿。（ABCD）

A. 门槽状况良好

B. 槽内无异物卡阻

C. 闸门整体能正常运行

D. 启闭机能正常运转

10. 压力钢管地下埋管的巡视检查内容有＿＿＿。（ABC）

A. 地下埋管排水洞排水流量检查

B. 地下埋管四周混凝土及沿线渗水检查

C. 地下埋管周围地下水位的监测，以及有关原型观测仪表运行或损坏检查

D. 钢管振动检查

11. 压力钢管坝内埋管明管段的巡视检查内容有＿＿＿。（ABCD）

A. 管壁及焊缝区渗漏检查

B. 伸缩节渗水检查

C. 伸缩行程测定

D. 排水设施检查

12. 压力钢管腐蚀状况检测应取得的成果包括_____。
（ABCD）

A. 各管段腐蚀部位及分布情况

B. 蚀孔的最大深度和蚀孔的平均深度

C. 腐蚀面积占各管段面积的百分比及最大蚀孔（单孔）面积，蚀孔密集区的分布范围

D. 最大和平均腐蚀速率（mm/a）

13. 确定焊缝探伤长度占焊缝长度的百分比的原则有_____。（ABCD）

A. 一类焊缝，超声波探伤长度不少于20%，射线探伤长度应不小于10%

B. 二类焊缝，超声波探伤长度不少于10%，射线探伤长度应不小于5%

C. 如发现有裂纹等连续性超标缺陷，应在缺陷的延伸方向增加探伤长度

D. 若焊缝多处存在缺陷，应酌情增加探伤比例

14. 按照NB/T 10349《压力钢管安全检测技术规程》被评定为"安全"的钢管应符合的条件有_____。（ABCD）

A. 巡视检查及外观监测的各项内容均符合要求。明管运行无明显振动，埋管无外压失稳迹象

B. 管壁和焊缝区无表面裂纹，管壁累计腐蚀面积不大于钢管全面积的20%；蚀坑平均深度小于2mm；最大深度小于板厚

的 10%，且不大于 3mm

C. 焊缝部位经无损探伤，未发现表面或内部有裂纹和连续的超标缺陷。钢板和焊接材料有出厂质量证明书或复检报告，钢板材质经检验满足设计要求

D. 设计条件下，钢管的实测应力值小于或等于设计规定的允许应力值

15. 按照 NB/T 10349《压力钢管安全检测技术规程》被评定为"基本安全"的钢管应符合的条件有_____。（ABCD）

A. 巡视检查的各项内容均符合要求，明管运行无明显振动，埋管无外压失稳迹象

B. 管壁和焊缝区无表面裂纹，管壁累计腐蚀面积不大于钢管全面积的 25%；蚀坑平均深度小于 3mm；最大深度小于板厚的 15%，且不大于 4mm

C. 焊缝部位经无损探伤，未发现表面或内部有裂纹和连续的超标缺陷。钢板和焊接材料有出厂质量证明书或复检报告，钢板材质经检验合格

D. 设计条件下，钢管实测应力值不超过设计规定的允许应力值的 5%

16. 蜗壳、尾水管检修的质量要求包括_____。（ABCD）

A. 蜗壳、尾水管等部分外观检查无破损

B. 焊缝无开裂，短管补气无破损

C. 无严重空蚀

D. 各部分完好，无异常现象

17. 压力钢管、伸缩节检修的质量要求包括_____。（ABCD）

A. 检查波纹管焊缝无裂纹，伸缩节盘根密封良好、无渗漏

B. 各部螺栓紧固

C. 各监测水管无渗漏

A. 去锈彻底、刷漆均匀、无流挂

18. 主阀通常有＿＿＿＿工况。（AB）

A. 全开　　　　　　　　　B. 全关

C. 25%开启　　　　　　　D. 50%开启

19. 水轮机主阀的型式有＿＿＿＿。（ABCD）

A. 蝶阀　　　　　　　　　B. 闸阀

C. 球阀　　　　　　　　　D. 筒阀

20. 主阀的技术要求有＿＿＿＿。（ABCD）

A. 结构简单、工作可靠、操作简便、外形尺寸小、重量轻

B. 严密的止水密封装置

C. 结构和强度满足运行要求

D. 主阀全开位置对水流的阻力应尽量小

21. 下列选项属于进水蝶阀组成部分的是＿＿＿＿。（ABCD）

A. 阀体　　　　　　　　　B. 空气阀

C. 旁通阀　　　　　　　　D. 锁锭装置

22. 下列选项属于蝶阀特点的有＿＿＿＿。（ABD）

A. 外形尺寸小，重量较轻

B. 能动水关闭

C. 任意开度运行

D. 对水流存在一定阻力

23. 球阀的组成部分有＿＿＿＿。（ABCD）

A. 球形壳体　　　　　　　B. 球筒形活门

C. 密封装置　　　　　　　D. 附属部件

24. 液压操作的球阀一般设有 3 个结构型式相同的液压
阀，即＿＿＿＿。（ABC）

A. 旁通阀 　　　　　　　　B. 卸压阀

C. 排污阀 　　　　　　　　D. 进水阀

25. 球阀的特点有＿＿＿。（ABCD）

A. 关闭严密，漏水极少

B. 全开时几乎无水力损失

C. 体积大，结构复杂，造价昂贵

D. 可动水紧急关闭

26. 主阀按操作动力不同，可分为＿＿＿。（ABC）

A. 手动操作 　　　　　　　B. 电动操作

C. 液压操作 　　　　　　　D. 气压操作

27. 主阀操作系统属于自动控制系统，由＿＿＿组成。（ABCD）

A. 控制元件 　　　　　　　B. 放大元件

C. 执行元件 　　　　　　　D. 连接管

28. 蝶阀在检修前和检修后，都要分别进行的动作试验有＿＿＿。（AC）

A. 静水操作试验 　　　　　B. 动水操作试验

C. 无水操作试验 　　　　　D. 排水操作试验

29. 球阀扩大性大修后，一般要进行水压试验。其试验程序包括＿＿＿。（ABC）

A. 止水密封的止水试验

B. 检修密封的止水试验

C. 对漏水情况进行处理

D. 对试验进行总结

30. 水轮机主阀的启闭条件有＿＿＿。（ABC）

A. 正常情况应在静水中关闭，关闭时间整定在 2min 内

B. 主阀开启前应平压

C. 在机组停机过程中，导叶全关，机组仍停不下来，此时可动水关闭主阀停机

D. 主阀开启或关闭后，锁锭必须投入

31. 蝶阀围带的处理有＿＿＿。（ABCD）

A. 围带的检查

B. 围带拆卸

C. 围带修补、更换

D. 围带耐压试验

32. 球阀检修的主要内容有＿＿＿。（ABCD）

A. 检查球阀长、短轴的轴颈与轴瓦配合情况是否符合要求，特别应注意检查卡环的磨损情况，是否损坏

B. 检查主密封盖与主密封环的接触面情况如何，检修中应进行研磨

C. 检查导向杆及蝶形弹簧的损坏情况，及时处理

D. 检查密封中的检修密封盖、压环、导环及活门配合情况，并进行修理

33. 尾水管的基本类型有＿＿＿。（ABC）

A. 直锥形尾水管 B. 弯锥形尾水管

C. 弯肘形尾水管 D. 喇叭形尾水管

34. 水轮机尾水管的作用有＿＿＿。（ABC）

A. 将转轮出口水流引向下游

B. 利用转轮高出下游水面的那一段位能

C. 回收部分转轮出口动能

D. 补气消除卡门涡带

四、填空题

1. 水工闸门按其工作性质可分为<u>工作闸门</u>、<u>事故闸门</u>和<u>检修闸门</u>。

2. 水工钢闸门常用的启闭机类型有<u>卷扬式</u>、<u>螺杆式</u>和<u>液压式</u>3 种。

3. 压力钢管安全检测工作完成后，应根据安全检测结果，对压力钢管的安全等级进行评定。钢管安全等级分为<u>安全</u>、<u>基本安全</u>和<u>不安全</u>三个等级。

4. 压力钢管投入运行后，运行管理单位巡视检查和外观检测的结果表明钢管运行正常，同时监测仪器提供的监测数据正常，则首次安全检测应在钢管运行后<u>5～10</u>年内进行。

5. 事故闸门（工作闸门）在布置时应位于<u>检修闸门</u>下游侧。

6. 进水阀门应设置空气阀，空气阀应具有自动进气、排气的功能。空气阀公称直径不小于进水阀门公称直径的 <u>5%～10%</u>。

7. 检查压力钢管焊缝表面裂纹的常用方法是<u>着色检验</u>。

8. 反击式水轮机<u>尾水管</u>的作用是使转轮的水流排入河床，回收部分能量。

9. 闸门启闭力检测时，对工作闸门必须检测闸门启闭全过程，获得启闭力过程线，确定最大启闭力，对事故闸门还应检测<u>动水闭门</u>的持住力及其过程线。

10. 闸门关闭时<u>止水</u>应良好，在设计水位下，通过任意 1m 长度的水封范围内，漏水量不应超过 <u>0.1L/s</u>。

五、简答题

1. 根据焊缝质量的性质和数量，焊缝分为哪几级？

答：（1）Ⅰ级焊缝内应无裂纹、未熔合、未焊透和条状夹渣。

（2）Ⅱ级焊缝内应无裂纹、未熔合和未焊透。

（3）Ⅲ级焊缝内应无裂纹、未熔合，以及双面焊和加垫板的单面焊中的未焊透。

（4）焊缝缺陷超过Ⅲ级者为Ⅳ级。

2. 蝶阀阀体与活门组装后，应符合什么要求？

答：（1）在密封未装之前，检查活门在关闭位置与阀体间的间隙应均匀，偏差不应超过实际平均间隙值的±20%。

（2）在活门关闭位置，充气式橡胶密封在未充气状态下，其密封间隙应符合设计要求，偏差不应超过设计间隙值的±20%；在工作气压下，橡胶密封应无间隙。

（3）在活门关闭位置，实心式橡胶密封和金属密封与阀体密封面不得有间隙，调整密封紧量，使其符合设计要求。

3. 蝶阀安装位置的偏差，应符合什么要求？

答：（1）蝶阀上、下游侧的压力钢管或蜗壳管口露出混凝土墙面的长度，必须保证部件安装和焊接时有足够的操作空间。

（2）蝶阀安装时，沿水流方向的中心线，应根据蜗壳及钢管的实际中心确定，与设计位置的偏差一般不大于3mm；横向中心线（上、下游位置）与设计中心线的偏差，一般不大于10mm；蝶阀的水平度和垂直度，在法兰焊接后测量，其偏差不应大于1mm/m，对直径大于4m的蝶阀不应大于0.5mm/m。

（3）为便于检修时将蝶阀向伸缩节方向移动，基础螺钉和螺孔间应留有足够距离，其值不应小于法兰之间橡胶盘根的直径。

4. 水工钢闸门和启闭机安全检测应按哪些项目进行？

答：（1）巡视检查。

（2）闸门外观检测。

（3）启闭机性能状态检测。

（4）腐蚀检测。

（5）材料检测。

（6）无损探伤。

（7）应力检测。

（8）结构振动检测。

（9）启闭力检测。

（10）启闭机考核。

（11）特殊项目检测。

5. 水工钢闸门和启闭机巡视检查的主要内容有哪些？

答：（1）观察闸门、启闭机运行情况。

（2）泄水时，闸门所在水道及闸槽前后的水流流态。

（3）闸门关闭时的漏水状况。

（4）闸墩、胸墙、牛腿等部位裂缝、剥蚀、老化等。

（5）门槽及附近区域空蚀、冲刷、淘空等。

（6）闸墩及底板伸缩缝的开合错动，对闸门和启闭机的影响。

（7）通气孔坍塌、堵塞或排气不畅等。

（8）启闭机室裂缝、漏水、漏雨等异常现象。

（9）寒冷地区闸门的防冻设施是否有效。

（10）液压系统及其控制保护是否完整。

（11）电气控制及保护系统设备及各用电源是否能正常工作。

6. 闸门外观检测应记录哪些内容？

答：（1）闸门体明显变形、扭曲。

（2）主梁、支臂、纵梁等构件的直线度、局部不平整、碰撞变形、位置偏差等。

（3）面板的局部不平度。

（4）吊耳变形、开裂及轴孔磨损等。

（5）焊缝及其热影响区状况。

7. 启闭机制动器性能状态检测的内容有哪些？

答：（1）制动器装配正常，无缺件。

（2）电磁铁温升。

（3）液压式制动器油液外渗。

（4）摩擦片磨损剩余厚度。

（5）制动轮腐蚀、磨损、圆度等。

（6）运转噪声。

8. 压力钢管安全检测应按哪些项目进行？

答：（1）巡视检查。

（2）外观检测。

（3）材质检测。

（4）无损探伤。

（5）应力检测。

（6）振动检测。

（7）水质及底质检测。

9. 压力钢管明管的巡视检查内容有哪些？

答：（1）外壁和焊缝区渗漏检查，管体变形检查。

（2）人孔门封闭性能检查。

（3）伸缩节渗水检查、伸缩行程测定。

（4）排水设施检查。

（5）支墩、镇墩的位移及沉陷检查，如出现明显位移和沉陷，应取得数据并分析原因。

（6）支座活动及润滑情况检查、活动行程测定。

（7）支座活动间隙检查及其间隙值测定。支座基础板与基础混凝土接触间隙检查，支座紧固件和挡板检查。

（8）钢管振动检查。

（9）通气孔或空气阀工作状况检查。

（10）防腐涂层完好程度检查。

（11）压力钢管区的环境检查。

10. 露天钢管上有哪些管件？各起什么作用？

答：（1）接缝与接头。用来将钢板焊接成管段并连接各管段。

（2）弯管和渐缩管。钢管在水平面内或竖直面内改变方向时，需要装置弯管；不同直径钢管段连接时，需设置渐缩管。

（3）刚性环（加劲环）。当薄壁钢管不能抵抗外压和满足不了运输或安装的要求时，单纯增加管壁厚度来满足刚度要求往往是不经济的，可以考虑加设刚性环。

（4）分岔管。当水电站采用联合供水或分组供水时，必须设置分岔管。

11. 露天钢管如何检验其稳定性？如不满足，应采取哪些措施？

答：钢管是一种薄壁结构，能承受较大的内水压力。但当通气孔（或通气阀）发生故障不能及时补气或钢管内发生负水锤时，管内均将产生真空，钢管在内外压差作用下，容易丧失稳定而被压瘪。使钢管失稳的最小外压力称为临界外压力，可以通过计算临界外压力来检验露天钢管的稳定性。

当薄壁钢管不能抵抗外压和满足不了运输或安装的要求时，可采用增加管壁厚度或加设刚性环、表面锚片锁件等来解决。

12. 水电站尾水闸门的作用是什么？尾水闸门常用的型式有哪些？

答：尾水闸门一般设置在尾水管的出口，当检修水轮机或机组作调相运行时，封闭尾水管出口。

尾水闸门常用的型式有平板闸门和叠梁闸门等。

13. 高压钢管为什么要进行抗外压稳定校核？

答：高压钢管是一种薄壳结构，能承受较大的内水压力，但抵抗外压能力较低。在外压的作用下，管壁易失去稳定，屈曲成波性，过早失去承载能力。因此，在按强度和构造初步确立管壁厚度之后，尚需要进行稳定外压校核。

14. 密封圈、垫及法兰盘根垫制作时应注意哪些问题？

答：垫的内径应略大于管的内径，不得小于管的内径，大尺寸的盘根垫可采用鸠尾拼接或楔型叠接黏合，但楔形黏合处应平整，不得有凹凸现象，圆截面胶皮圈可用胶皮条黏合而成，其接头必须呈斜口，斜口尺寸为 1.5～2 倍胶皮条直径，用胶水黏接。

15. 钳工刀具材料应具备哪些性能?

答：钳工刀具材料应具备高硬度、高耐磨性、足够的强度和韧性、良好的工艺性、高耐热性、较好的导热性。

16. **根据图 4-1 三视图，画出其立体图。**

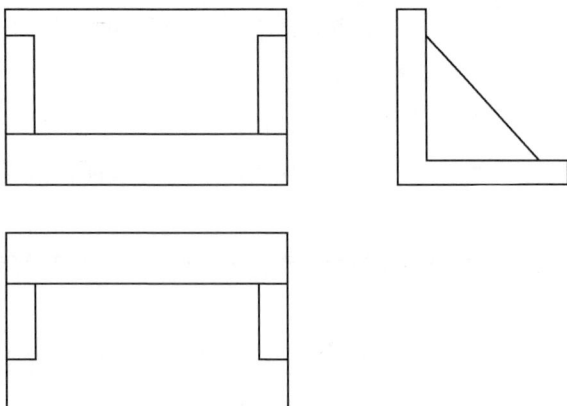

图 4-1　三视图

答：立体图如图 4-2 所示。

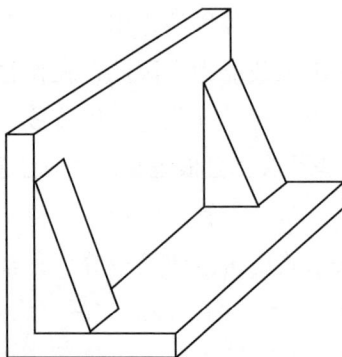

图 4-2　立体图

第五章

案 例 分 析

1. 某电厂二期扩建工程厂房采用地下式厂房布置，厂内安装了 2 台单机容量 200MW 水轮发电机，发电机设有上盖板、上机架、定子、转子、下机架、下风罩等部件，形成上、下两个风洞，上风洞位于上盖板与上机架之间，下风洞位于上机架与下风罩之间，推导组合轴承设置在下风洞内，由下导轴承与推力轴承组成，采用轴承内循环冷却方式。

两台 200MW 机组自 2004 年机组投运以来，即存在推导组合轴承严重甩油现象，造成下风洞内各部件表面严重积油、积尘，油污直接腐蚀设备部件，同时造成定子、转子通风沟大量积尘，影响发电机下风洞内部通风循环，导致空气冷却器冷却效果下降，引发定子铁芯、线棒运行温度逐年上升，若不进行根治，随着油雾的扩散将会影响到机组定子、转子的绝缘情况，缩短发电机的使用寿命。

该电厂根据实际情况，将推导组合轴承更换为技术更加成熟的接触式密封，该装置设有三道接触式挡油密封环，从而阻挡油槽内油雾外甩，同时设置 8 个呼吸器，防止油槽内形成负压区，以利于油槽内部油循环。同时对内挡油筒下部加装接触式油盆，将内挡油筒甩出的油雾收集在接触式油盆中，通过一根$\phi 25$的油管自流排走。改造后，机组甩油情况大大改善，达到改造目的。

问：（**1**）按照水轮发电机组甩油部位和方式，有哪几种甩油方式？

（**2**）简述推导轴承内甩油原因。

（**3**）处理推力轴承甩油的方法有哪些？本案例采取哪些有效的方法？

答：（1）根据水轮发电机组甩油部位和方式，机组甩油可以分为内甩油、外甩油、设备渗漏油。

（2）润滑油通过机组的转动部分内壁与挡油筒缝隙，而甩出油盆，称之为内甩油。内甩油的原因有二：其一，机组在运行过程中，推力头或导轴承转子的旋转鼓风效应，致使转动部件内侧油面容易形成局部负压，使油被吸溢而甩出油盆；其二，由于制造或安装的原因，使挡油筒与推力头内圆壁之间产生偏心，形成偏心液压泵效应，致使油流环分布不均匀，当挡油筒与旋转部件内壁间隙设计偏小时，这种偏心率就增大，偏心液压泵作用更为显著，导致油环产生较大的上窜压力脉动，顺着挡油筒内壁甩溅出油盆。

（3）轴承甩油按照采取措施的主导作用可大致归纳为阻挡法、均压法、引放法和合理选择油位，本案例采用接触式密封装置，保证在机组运行中密封环与推力头之间始终"零"间隙配合，从而阻挡油槽内油雾外甩；在内挡油筒下部加装接触式油盆，采用阻挡法将内挡油筒甩出的油雾收集在油盆内；然后通过外接$\phi 25$的油管进行引流。通过在油槽盖板上加装呼吸器，使油槽内外压力趋于均衡，防止高压力油雾产生，采取了均压法。

2. 某悬式混流式水轮发电机组进行年度 **A** 级检修后，开机试运行时发现推力瓦瓦温普遍偏高，且有个别瓦与其他瓦瓦温相差很大，具体数据见表 **5－1**。该机组的推力瓦结构如下：推力瓦为巴氏合金瓦八块均布，采用刚性支柱式推力轴承，推力轴承绝缘共两层，推力头与镜板之间设置第一层绝缘垫，推力轴承座与基础板之间设置第二层绝缘垫。

表 5－1　　　　　　各 推 力 瓦 的 温 度　　　　　　℃

序号	1 号	2 号	3 号	4 号	5 号	6 号	7 号	8 号
瓦温	57.5	59	68	60	59.5	61	69	59

注　该机组推力瓦最高允许温度为70℃，运行时温度通常控制在50～60℃，超过60℃时属于偏高，达到70℃即发出信号，达到75℃时事故停机。

问：（1）分析表 5－1 中推力瓦 3 号和 7 号与其余六块瓦之间温差过大可能的原因？

（2）从表 5－1 可以看出，该机组推力瓦瓦温普遍偏高，采用什么具体方式可以整体将瓦温降下来？

答：（1）温差过大的原因：

1）八块推力瓦受力调整不均匀，3 号和 7 号推力瓦受力比其他六块瓦受力偏大；

2）3 号和 7 号推力瓦刮瓦质量不好；

3）3 号和 7 号推力瓦的灵活性受到卡阻；

4）3 号和 7 号推力瓦挡块间隙偏小；

5）3 号和 7 号瓦变形过大；

6）3 号和 7 号 Pv 值偏大。（推力瓦单位面积受力 P 增大会使摩擦损耗增加，推力瓦平均摩擦速度 v 增大也会使摩擦损耗

增加，因此 Pv 值较大的推力轴承必然会使瓦温较高）

（2）采用如下方式可以整体将瓦温降下来：

1）提高冷却器的冷却效果。检查油冷却器内部有无堵塞；在条件允许的情况下适当增大冷却器进水压力；加大冷却器进、出水管直径，增加冷却器进、出水流量。

2）改进油循环，提高油冷却器换热性能，降低冷油温度，从而降低瓦温。合理改进挡油板的位置，以降低循环油流阻力，增大冷却器过油面积，减少热油涡流死区；加大油冷却器铜管间距，以增大冷却器过油面积，减少油流阻力，提高冷却器循环油量；改变油冷却器布置形式，使其接近热源及处于油流速度较高的区域，以提高冷却温差及过油量。

3）如果条件允许，可以将推力瓦材质由巴氏合金改用成氟塑料瓦。

3. 某悬式发电机组，已知上导轴承至法兰两测点距离 $L_1 = 3.8\text{m}$，法兰至水导轴承两测点的距离 $L_2 = 2.7\text{m}$，推力头直径 $D = 1.6\text{m}$，法兰直径 $d = 0.8\text{m}$，法兰处允许最大相对摆度为 0.03mm/m，水导轴承允许最大相对摆度为 0.05mm/m。

表 5-2 所示为某次盘车记录数据，试进行盘车计算，并分析问题。

表 5-2　　　　　盘　车　记　录　数　据　　　　$\times 0.01\text{mm}$

	测点	1	2	3	4	5	6	7	8
百分表读数	上导轴承 a	-5	-3	-2	0	-2	-2	-6	-8
	法兰 b	-4	-21	-30	-19	-16	-12	-18	-8
	水导轴承 c	-3	-9	-31	-11	-10	10	20	13

问：（1）试计算上导轴承、法兰和水导轴承处的全摆度和净摆度。

（2）判断该机组轴线是否合格？

（3）如对该机组轴线进行整体处理，试确定修磨绝缘垫的最大修磨方位及磨削量（不考虑测点之间的最大值）。

答：（1）摆度计算见表 5-3。

表 5-3　　　　　　　摆　度　计　算　　　　　×0.01mm

测点		1	2	3	4	5	6	7	8
百分表读数	上导轴承 a	-5	-3	-2	0	-2	-2	-6	-8
	法兰 b	-4	-21	-30	-19	-16	-12	-18	-8
	水导轴承 c	-3	-9	-31	-11	-10	10	20	13
相对点		1-5		2-6		3-7		4-8	
全摆度	上导轴承 φ_a	-3		-1		4		8	
	法兰 φ_b	12		-9		-12		-11	
	水导轴承 φ_c	7		-19		-51		-24	
净摆度	φ_{ba}	15		-8		-16		-19	
	φ_{cb}	-5		-10		-39		-13	
	φ_{ca}	10		-18		-55		-32	

注　上导轴承处全摆度计算公式：上导轴承 $\varphi_a(1-5) = \delta_{a1} - \delta_{a5} = -5 - (-2) = -3$；依次计算，填入表 5-3 中；

上导轴承处净摆度计算公式：$\varphi_{ba}(1-5) =$ 法兰 $\varphi_b(1-5) -$ 上导轴承 $\varphi_a(1-5) = 12 - (-3) = 15$；依次计算，填入表 5-3 中。

（2）判断轴线是否合格：

根据已知条件可以知道：

法兰处相对摆度（取表 5-3 中计算出的 φ_{ba} 绝对值最大的 0.19mm，除以 L_1）为

$$0.19\text{mm} \div 3.8\text{m} = 0.05\text{mm/m}$$

水导轴承处相对摆度（取表 5-3 中计算出的 φ_{ca} 绝对值最大的 0.55mm，除以（L_1+L_2）] 为

$$0.55mm \div (3.8m + 2.7m) = 0.085mm/m$$

上述计算出法兰处相对摆度为 0.05mm/m，水导轴承处相对摆度为 0.085mm/m，由此比较可以看出，该机组的轴线不合格。

（3）修磨绝缘垫的最大修磨方位及磨削量计算。

1）绘制轴线的倾斜、弯折示意图。由计算的净摆度可以知道法兰处的最大倾斜方位是 4-8 点中的第 8 点，水导轴承处的最大倾斜方位是 3-7 点中的第 7 点，由此作出轴线的倾斜、弯折示意图，如图 5-1 所示。

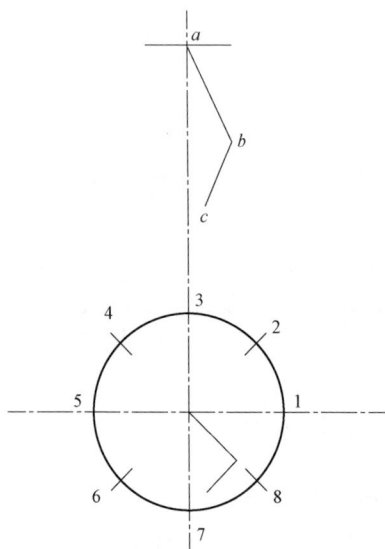

图 5-1 轴线倾斜、弯折示意

2）计算修磨绝缘垫的最大修磨方位及磨削量。

a. 最大修磨方位：由于采用整体处理的方法，因此应通过水导轴承处的最大倾斜方位来判定修磨绝缘的方位，由前面的判定可以知道，水导轴承处的最大倾斜方位是盘车点 7 点，分析各部分的几何关系可以知道，绝缘垫的第 7 点位置最后，因此，最大修磨方位是第 7 点。

b. 最大磨削量：用公式计算可得

$$\delta = \frac{D\varphi_{ca}}{2 \times (L_1 + L_2)}$$

$$\delta = \frac{1.6 \times 0.55}{2 \times (3.8 + 2.7)} = 0.068 \,(\text{mm})$$

3）磨削分区。以最大磨削方位出发，作绝缘垫的直径，并将直径 6 等分，从 6 个等分点出发，再做直径的垂线，将绝缘垫分成 6 个磨削区，并进行分区编号，如图 5-2 所示。

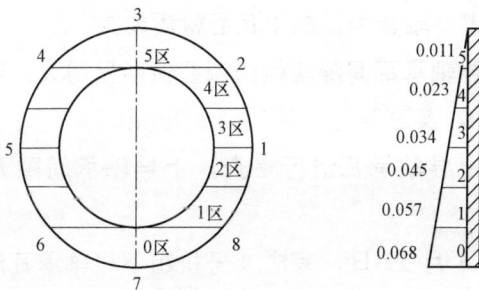

图 5-2　磨削分区（单位：0.01mm）

分区完成后用细纱布包裹木块，按如图 5-2 所示的尺寸修磨绝缘垫，用百分表测量。

4. 某水力发电厂 4 号机组为立式混流式机组，额定出力为 140MW，于 2014 年 4 月 3 日完成 B 级检修后投运，本次检修时将下导轴承瓦由原来的巴氏合金瓦更换为高分子塑料瓦。

4 号机组在 10:26 分开机运行后下导轴承瓦温缓慢上升，开机 2h 后，下导轴承瓦温不能稳定，且仍然持续上升，基本保持 50min 左右上升 1℃ 的速度。在 21:20 左右，下导轴承瓦温开始迅速上升。在带稳定负荷运行情况下，下导轴承摆度、上机架径向水平振动出现明显增大，下导轴承摆度突增 1 倍，由 0.22mm 增至 0.42mm；上机架水平振动突增 1 倍，由 50μm 增至 100μm。其他部位无明显变化。

该厂二次专业人员对机组测温电阻进行检查，未发现异常。检修人员打开下导轴承油槽盖板，发现油面上漂浮塑料瓦粉末，确定瓦面磨损。具体检查情况如下：

（1）所有下导轴承瓦瓦面存在高度 95mm 左右的磨损面，位于轴瓦最顶端，位置约在下导轴承油盆油面以上。

（2）轴领位置，与轴瓦磨损对应位置存在一条高温带，使轴领表面发黑。轴领表面黏附瓦面材质粉末。

（3）下导轴承瓦间隙较检修调整值明显增大，设计双边间隙为 0.40mm，实测双边间隙达到 0.7mm。

（4）对上导轴承瓦进行检查，上导轴承间隙无明显增大现象。

2014 年 5 月 22 日，完成 4 号机组下导轴承瓦消缺，恢复备用，抢修消缺时更换了磨损的塑料瓦，继续使用检修时换下的原金属瓦。

问：（1）机组启运过程中，下导轴承摆度超标时，应停机检查。本案例中，下导轴承摆度超过多少时应进行停机检查工作？

（2）分析该机组下导轴承瓦磨损的原因。

（3）下导轴承瓦更换为塑料瓦应做好哪些措施？

答：（1）按照 DL/T 507《水轮发电机组启动试验规程》的规定，水轮发电机组各导轴承瓦处的摆度值不能超过该处轴瓦设计间隙的 0.70，因此有 $0.40 \times 0.70 = 0.28\text{mm}$。

故安装标准下导轴承摆度不超过 0.28mm。

（2）塑料瓦本身热膨胀，引起轴瓦间隙变小，润滑不足导致下导轴承瓦磨损，该机组检修时调整间隙为下导轴承瓦双边间隙为 0.40mm，与检修前相同，说明塑料瓦本身受热膨胀特性与巴氏合金瓦有较大差异，运行后导致瓦间隙变小，润滑不足，瓦对轴的约束加强导致检修后塑料瓦严重磨损。

（3）下导轴承瓦更换为塑料瓦应做好如下措施：

1）联系塑料瓦生产厂家，要求其提供塑料瓦的热膨胀特性。

2）进行塑料瓦热膨胀特性的现场检测，结合其膨胀量合理确定检修时轴瓦间隙调整值。

3）在机组启运过程中重点检查塑料瓦瓦温的变化，若发现瓦温突增或达到报警值时，应立即停机检查。

4）在机组启运过程中，应加强各轴承摆度振动监视分析，发现异常后应立即停机检查，避免设备发生损坏故障。

5. 某水力发电厂新装立式伞形机组，发电机转子分别与上端轴、下端轴连接，盘车时发现轴线不符合要求，通过调整上端轴中心的方式调整机组轴线，中心移动量约为 **0.60mm**，轴线调整后，可能对机组运行稳定性产生哪些方面的影响？简述处理方案。

答：轴线调整后，可能对机组运行稳定性产生以下影响：电磁不平衡，机械不平衡。

处理方案如下：

（1）进行机组稳定性试验，分析、计算轴线调整后机组电磁、机械不平衡方面的情况。

（2）机械不平衡可通过配重的方式进行处理。

（3）电磁不平衡。上端轴中心移动后，转子圆度发生变化，可重新进行转子圆度测量，根据测量结果进行分析计算，调整磁极半径。

6. 某水力发电厂，机组型号为 SF230-60/14600，推力轴承为支柱式弹性油箱机构，推力瓦为弹性塑料瓦。2012 年 6 月开始投运，至 2015 年期间分别经过 1 次 B 修和 3 次 C 修，2016 年 B 修中检查推力瓦时发现 24 块瓦面均有发黑现象，有轻微的划伤情况，镜板表面有锈迹情况，如图 5-4 和图 5-5 所示。

图 5-4　瓦面发黑和划伤情况　　图 5-5　镜板表面锈迹情况

问：（1）试分析造成推力塑料瓦瓦面发黑和轻微划伤的原因有哪些方面。

（2）根据检修规范要求，试分析确定是否对瓦进行更换或处理。

（3）如需对瓦进行更换，根据检修规范要求，更换时应注意哪些事项？

（4）试分析推力镜板表面产生锈迹的原因。在不吊出的情况下，如何对镜板进行处理？

答：（1）造成推力塑料瓦瓦面发黑和轻微划伤的原因如下：

1）推力油槽油位低，在机组运转中镜板与推力瓦形成干摩擦，导致瓦面烧伤发黑。

2）机组停机时间过长，开机运行时未进行顶转子操作，镜板与瓦面之间未形成足够的油膜，导致机组运行时造成瓦面烧伤发黑。

3）推力瓦本身进、出油边在设计上存在缺陷，导致运行中油膜不符合要求。

4）油槽内油质不符合要求，如混有颗粒杂质，导致运行中瓦面划伤。

（2）从瓦面照片可以看出，瓦面不但有发黑，被刮伤的纹路比较明显，受损面积已经超过瓦面的 5%，且集中在瓦的中心位置。现场处理已比较困难，故建议更换为新的推力塑料瓦，原来损伤的瓦可返厂进行处理。

（3）更换时应注意如下事项：

1）在不吊转子的情况下，推力瓦抽出前应将推力瓦与高压油顶起装置油管的连接头拆开、温度计连接线拆开。

2）将转子顶起旋上制动器锁定或在制动器处装千斤顶支承，使推力瓦与镜板脱开，推力瓦连板、推力瓦瓦钩拆除，将转子重量落在制动器上之后，可将推力瓦顺着键由油槽轴瓦孔向外抽出。

3）严禁在抽出一块瓦或数块推力瓦的时候将机组转动部分的重量转移到推力轴承上。推力瓦全部吊出时，严禁在瓦面上放置重物和带棱角的物体，防止划伤推力瓦面。严禁瓦面与瓦面接触直接堆放，必须接触堆放时，瓦面上要做好相关防护措施。

4）在新瓦装复前，应全面检查各块瓦的情况，无缺陷后，对其前面进行全面清扫后，开始吊装。

5）装复时，必须保证推力瓦与托瓦的接触面在80%以上，如达不到要求，必须进行研磨处理。

（4）推力镜板产生锈迹的原因主要有以下几方面：

1）镜板在空气中暴露的时间过长。机组在开展 C 修、B 修时，油槽排油后，镜板未作任何保护措施，使其在空气中暴露的时间过长。

2）镜板材质不符合要求，质量低劣。

3）运行中油质不符合要求，水分超标。

在不吊出转子的情况下，可以对镜板作如下处理：

1）抽出所有推力轴瓦，制作专门工装，拆除托瓦。

2）人工用天然油石沿顺时针方向除去镜板上的锈迹、划痕和高点。

3）用白绸布和无水乙醇清理镜板。

4）合格后，全面清理、检查推力托瓦、推力瓦及其安装位置，进行托瓦、推力瓦装复工作。

7. 某水电站新投运机组试运行，当时尾水压力脉动达到 **0.08MPa**，相对值为 **11.8%**，发生在机组出力 $N=10\sim112MW$，远超过 GB/T 15468《水轮机基本技术条件》规定的不大于 6% 的要求。其顶盖振动垂直振动达 **300μm**，水平振动为 **226μm**，超过 GB/T 15468《水轮机基本技术条件》规定的 3 倍。伴有高频噪声发生，尾水管内有锤击声响，发生在 **130～170MW** 时，为额定负荷的 **59%～74%**，属于经常运行范围，对水轮机的危害性大。机组在带 **180～220MW** 负荷时运行平稳，高频轰鸣噪声消失。同时在机组停机过程中，机组转速在降自**44%**至刹车启动转速（**20%转速**）期间也出现高频轰鸣噪声。试分析原因，并提出处理方案。

答：理论上任何具有出水边厚度的流体都有卡门涡泄出。由卡门涡诱发振动的频率和振幅受很多因素控制。在水轮机设计中对卡门涡频率进行校核主要依据对平板的研究结果，其中两个主要因素是绕过叶片的流态和出水边几何形状与尺寸，主要是转轮叶片出水边几何尺寸及形状不能满足实际工况要求。

卡门涡泄出频率计算式为

$$f = sw/d$$

式中　f——卡门涡泄出频率；

　　　s——Strouhal（斯特劳哈尔）数，对于混流式水轮机转轮，$s = 0.225 \sim 0.25$；

　　　w——流动分离点平均速度；

　　　d——分离点叶片的厚度，$d = d_{b1} + d_b$；

　　d_{b1}——分离点叶片的厚度；

　　　d_b——分离点的边界层厚度。

由上式可见，卡门涡的频率与叶片出水边的厚度有关，增大叶片出水边的厚度卡门涡的泄出频率将减小，卡门涡泄出频率如果不与叶片固有频率耦合发生共振就不会产生任何异常声响。

鉴于机组在部分负荷出现上述高频轰鸣噪声，根据现场对水轮机转轮查看，转轮叶片出水边尾端较厚，转轮叶片出水边修形前由于尾端较厚，转轮叶两边高速水流交汇时在叶片尾端部容易形成真空涡带，从而产生振动及高频噪声。通过技改修形后，转轮叶片出水边尾部变薄，水流高速过流后基本就在叶片尾部位置交汇，较难形成气隙、真空；卡门涡的频率提高，不能与叶片振动形成共振，故打磨后异常声响消失，运行工况明显改善。

8. 某机组检修后停机制动正常，运行一段时间后机组停机时转速不能降到停机转速，试分析原因，并提出处理措施。

答：（1）机组停机时机组转速不能降到停机转速的原因如下：

1）停机时导叶被异物卡阻，剪断销剪断，主、副拐臂错开，导叶关闭不严，大量漏水，导致停机时机组转速不能降到停机转速。

2）机组运行中双连臂背帽松动，双连臂伸长，导叶关闭不严，大量漏水，导致停机时机组转速不能降到停机转速。

（2）处理措施如下：

1）将机组手动空载运行，做好安全措施，拆出已剪断的剪断销，用螺旋千斤顶调整拐臂，使主、副拐臂销孔对齐，装入新剪断销。

2）机组停机，做好安全措施，用专用扳手向缩短方向转动双连臂，调整双连臂长度为检修时长度数据，拧紧背帽。

9. 某水力发电厂 1 号机组扩大性检修完成后，在首次启动试运行时检查发电机空气冷却器，发现有部分空气冷却器冷风侧温度偏高，试分析可能存在的原因并处理。

答：（1）检查确认各空气冷却器温度是否有明显偏差，测温元件、压力表计是否正常。

（2）检查该空气冷却器供、排水阀门是否全开和是否有漏水现象，如供、排水阀未打开则将阀门打开至全开，如有漏水现象则停机进行处理。

（3）检查供、排水压力是否有所下降，如有则调整水压、流量至正常。

（4）检查该空气冷却器是否有集气现象，如有则打开排气阀门或堵头进行排气。

10. 某水力发电厂 **3** 号机组调速器解体检修后装复完毕，导水机构已连接完毕，接力器处于全关位置，油压装置建压打开供油阀，多次调整引导阀均未使接力器向开的方向移动，试分析可能存在的原因。

答：（1）调速系统排油阀可能未打开。

（2）检查紧急停机电磁阀可能动作。

（3）检查过速限制器可能动作。

（4）检查机械过速保护可能动作。

（5）引导阀装复时可能未恢复到原位，向关的方向偏得太多。

附录 精选模拟试卷

一、判断题 （15 题，每题 1 分，对的画" √ "，错的画" × "）

1.《中国华电集团公司水电与新能源检修管理办法（试行）》中要求，发电企业要保证年度检修计划的刚性，发电主设备检修项目、重大特殊项目完成率应达到 95%，其他检修项目完成率大于 80%。 （×）

2. 机械加工设备启动前应检查设备各操作手柄并确认其在空挡位置。先低速运行 3～5min，正常后方可开始工作。 （√）

3. 水轮机转轮、轴承等发生疲劳破坏裂纹时，主要是由于交变应力接近或超过了材料的疲劳强度。 （√）

4. 热处理过程是使固态金属加热的工艺过程。 （×）

5. 当油压装置油压高于工作油压上限的 2%以上时，安全阀应开始排油；当油压高于油压装置工作油压上限的 15%以前，安全阀应全部开启，并使压力罐中油压不再升高。 （×）

6. 调速器大修后要进行必要的调整试验，包括蜗壳充水后开展整机静态特性试验。 （×）

7. 高转速发电机磁极采用向心线圈结构，可以消除线圈切向应力，消除线圈切向变形，取消撑块或围带，方便磁极检修，改善通风。 （√）

8. SF200 – 30/9500 为额定功率 200MW、极数 30 对的立式水轮发电机组。 （×）

9. 绝缘油在设备中的作用是绝缘、散热和消弧。　（√）

10. 水轮机主阀的设计运行条件为动水开启、静水关闭。

（×）

11. 机组启动试运行前水轮机检查时，导水机构应处于开启状态。　（×）

12. 在机组检修中，推力轴承需做受力调整，其目的是调整瓦与镜板的间隙。　（×）

13. 镜板检修前，应吊出镜板使镜面朝上放于持平的专用支架上。　（√）

14. 机组检修时，若发现推力轴承的镜板有划痕或锈斑，应先用油石研磨，然后进行抛光处理。　（×）

15. 立式水轮发电机在复测定子铁芯高度时，在铁芯背部及其对应齿部位置测量铁芯高度，圆周测点不少于 16 个点，各点测量值与设计值的偏差在规定范围内，一般取正偏差。

（√）

二、单选题（15 题，每题 1 分）

1. 角向磨光机的砂轮应选用增强纤维树脂型，其线速度不得小于 80m/s。磨削时，应使砂轮与工件保持_____的切斜位置；切削时，砂轮不得倾斜，不得横向摆动。（C）

A. 5°～20°

B. 10°～25°

C. 15°～30°

D. 20°～35°

2. 机组大修过程中，某检修人员拟采用滑轮组起吊转轮顶盖，以下最省力的方式是_____。（B）

3. 一螺距为 3mm 的螺母，为使其压紧量为 0.75mm，螺母要压紧的旋转角度为_____。（C）

A. 30°   B. 60°

C. 90°   D. 120°

4. 机组大轴、螺栓等受力较大的部件一般采用中碳钢_____而成。（C）

A. 铸造   B. 焊接

C. 整体锻制   D. 铆接

5. 水轮机总效率是水轮机的_____。（A）

A. 轴端出力与输入水流的出力之比

B. 最大出力与输入水流的额定水流之比

C. 额定出力与输入水轮机的水流出力之比

D. 额定出力与输入水轮机的最大水流出力之比

6. 用十字补气架向尾水管里补气，主要是为了减少_____空蚀对机组运行的影响。（D）

A. 间隙   B. 局部

C. 翼型   D. 空腔

7. 附图 1 为调速器静态特性试验画出的曲线，下列说法正确的是_____。（A）

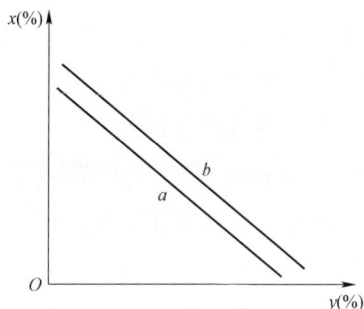

附图 1　调速器静态性试验曲线

A. 曲线 *a* 开、曲线 *b* 关

B. 曲线 *a* 关、曲线 *b* 开

C. 曲线 *a* 开、曲线 *b* 开

D. 曲线 *a* 开、曲线 *b* 关

8. 水轮发电机组甩负荷时，导叶（阀门）关闭时间越长，_____。（A）

A. 水压上升率越小，机组转速上升率越大

B. 水压上升率越大，机组转速上升率越小

C. 水压上升率越小，机组转速上升率越小

D. 水压上升率越大，机组转速上升率越大

9. 下面关于反击式水轮机尾水管的作用，正确的是_____。（C）

A. 消耗部分能量，将水流引向下游

B. 可回收转轮出口处水流的部分势能，将水流引向下游

C. 可回收转轮出口处水流的部分动能，将水流引向下游

D. 可回收全部能量，将水流引向下游

10. 转桨式水轮机转轮叶片密封装置的作用是_____。（C）

A. 防止水压降低

B. 防止渗入压力油

C. 对内防油外漏，对外防水进入

D. 对外防油外漏，对内防水进入

11. 对于无专门阀门进行泄压的管路或设备，可通过拧松管道或阀门的法兰盘螺栓进行泄压。泄压时，可将法兰盘上螺栓松开，使存留的水、气等从对面缝隙排出，以防尚未放尽的水、气伤害工作人员，松螺栓的方式应采取_____。（B）

A. 先把法兰盘上近身体一侧的螺栓松开，再略松远离身体一侧的螺栓

B. 先把法兰盘上远离身体一侧的螺栓松开，再略松近身体一侧的螺栓

C. 先把法兰盘上方一侧的螺栓松开，再略松下方一侧的螺栓

D. 把法兰盘上的所有螺栓同步缓慢松开

12. 大、中型水轮发电机组止漏环与转轮室的圆度，其最大直径与最小直径之差控制在_____设计间隙值内即可认为合格。（C）

A. ±20%　　　　　　　B. ±15%

C. ±10%　　　　　　　D. ±5%

13. 吊转子前，制动器加垫找平时的加垫厚度应考虑转子抬起高度满足镜板与推力瓦面离开_____mm 的要求。（C）

A. 0～2　　　　　　　B. 1～3

C. 3～5　　　　　　　D. 6～8

14. 如果转子存在依次几个磁极处的转子半径偏小时，可考虑通过打紧该部位的_____键使局部磁轭外张的办法来解决。（B）

A. 磁极   B. 磁轭

C. 磁极和磁轭   D. 传动

15. 某水轮发电机组在开机过程中机组振动摆度较大，实测数据见附表 1，从实测数据看，机组振动摆度较大的最主要原因为_____。（C）

A. 磁拉力不平衡   B. 水力不平衡

C. 质量不平衡   D. 全部

附表 1   机组各部位振动摆度数据   μm

序号	工况	上导轴承摆度	上机架水平振动	上机架垂直振动	下导轴承摆度	下机架水平振动	水导轴承摆度	顶盖水平振动
1	39%n_e	136	4.3	4.1	87	2.8	81	3.9
2	54%n_e	135	8	9	108	5	121	7.9
3	73%n_e	145	30.1	11.4	161	9.6	236	28.7
4	100%n_e	202	95	27	319	29.2	324	83
5	25%U_e	243	114	32	386	31	320	82
6	50%U_e	254	120	32	404	33	324	83
7	75%U_e	268	126	33	423	36	328	82
8	100%U_e	274	128	33	426	36	324	82

注 n_e 为额定转速，U_e 为额定电压。

三、填空题（20 题，每题 1 分，填错或少填不得分）

1. 振动三要素是指振幅、频率、初相位。

2. 水轮机是将水能转换为机械能的一种水力机械。它包括引水部件、导水部件、工作部件、泄水部件和非过流部件。

3. 混流式水轮机的座环主要组成部分包括上环、下环、固定导叶。

4. 现代水轮机微机调速器一般有频率调节、开度调节、功率调节等调节模式。

5. 机组甩 100%额定负荷后，在转速变化过程中，超过稳态转速 3%额定转速值以上的波峰不超过两次。

6. 水电站辅助设备主要包括油系统、气系统、技术供排水系统和水轮机进水阀（主阀）。

7. 透平油在水电站设备中的主要作用有润滑、散热、液压操作。

8. 技术供水系统由水源、管网、用水设备、量测控制元件等组成。

9. 水电站油系统中油的常用净化措施有沉降法、压力过滤法、真空分离法以及吸附剂法。

10. 对于受力复杂、易于产生疲劳裂纹的零部件，应采用渗透探伤/着色探伤、磁粉探伤的方法进行表面裂纹检查。

11. 推力轴承甩油的一般处理方法有阻挡法、均压法和引放法。

12. 刮削精度检查包括形状精度、位置精度、尺寸精度、表面精度以及接配精度。

13. 水轮机的效率由水力效率、容积效率、机械效率共同组成。

14. 水轮机相似理论是指几何相似、运动相似和动力相似。

15. 螺栓连接时，若制造厂无明确要求，预应力不应小于工作压力的 2 倍，且不大于材料屈服强度的 3/4。

16. 将钢加热至一定的温度，保温一段时间后在加热炉或缓冷坑中缓慢冷却的一种热处理工艺称为退火。

17. 进行发电机空气间隙测量时，要求各点实测间隙的最大值或最小值与实测平均间隙之差同实测平均间隙之比不大于±8%。

18. 在水力机械设备和水工建筑物上工作，保障安全的技术措施是停电、隔离、泄压、通风、设置安全警示标志牌、加锁和装设遮拦（围栏）。

19. 一级动火工作过程中，应每隔 15min 测定一次现场可燃气体、易燃液体的可燃蒸汽含量是否合格，当发现不合格或异常升高时应立即停止动火，在查明原因或排除险情前不得重新动火。

20. 《中国华电集团公司水电与新能源检修管理办法（试行）》中规定，检修管理原则上实行"预防为主、计划检修"的方针，以检修的安全和质量为保障，实现修后长周期安全、稳定、经济运行。

四、简答题（6 题，每题 5 分，共 30 分）

1. 为什么水轮机调节最有效的途径是通过调节水轮机的流量？

答：水轮机调节的任务是通过调节水轮机输出的主动力矩 M_t，使之与发电机的阻力矩 M_g 保持平衡，以维持机组转速（频率）在规定范围内。而

$$M_t = P / \omega$$
$$P = 9.81 HQ\eta$$

式中　　P——水轮机输出的功率；

　　　　ω——角速度；

　　　　H——水轮机工作水头；

　　　　Q——通过水轮机转轮的流量；

　　　　η——水轮机效率。

因此，调整 M_t 就是调整水轮机输出功率 P，按功率的表达式，可以通过调整水轮机工作水头 H、流量 Q 或效率 η。但调

整 H 不仅很难，而且也不经济；水轮机效率 η 是随水轮机运行工况变化的，无法直接变更，而且希望水轮机效率 η 尽可能高；因为调整流量可以通过改变导叶的开度来实现，所以水轮机调节最有效的方法和途径是通过调节（控制）水轮机的流量。

2. 油劣化的根本原因是氧化，促使油加速氧化的因素较多，试问氧化后油的性能有何变化。防止油劣化可采取相应的措施有哪些?

答：（1）油劣化的根本原因是氧化。油被氧化后其酸值增高，闪点降低，黏度增大，颜色加深，并有胶质及油泥沉淀物析出。

（2）根据劣化的因素可采取如下相应的措施：

1）设备密封，保持呼吸器的性能良好，以防止水分混入。

2）持设备在正常状况下运行，冷却水供应正常，保持正常油膜，以防止油和设备过热。

3）将油槽置于阴凉干燥之处，避免阳光直接照射。

4）在轴承等处加绝缘垫，防止轴电流。

5）减少油与空气的接触，防止泡沫形成。如在贮油罐中设呼吸器及油槽上部设抽气管，用真空泵抽出油槽内湿空气；油系统的供排油管伸入油内并使流速不要太大。

6）设备检修后涂上合适的油漆（如亚麻仁油、红铅油、白漆即氧化铝等），正确地加以清洗。

3. 机组 A 修（扩大性大修）时，拆机前机械部分应主要测量哪些数据?

答：（1）水轮机转轮上、下迷宫环间隙。

（2）对分块瓦来说，水导轴颈至水导轴承支架内圈的距离。

（3）发电机空气间隙。

（4）上导轴颈至瓦架内圈的距离。

（5）水轮机大轴法兰的标高。

（6）在尚未顶转子的情况下，测量镜板至瓦架的距离。

（7）上、下机架水平，镜板水平。

4. 什么是状态检修？状态检修有哪些工作流程？

答：状态检修是根据状态监测和诊断技术提供的设备状态信息，对设备状态进行评价、评估，判断设备的异常，预知设备的故障，在故障发生前进行检修的方式，即根据设备的健康状态来安排检修计划，实施设备检修。

状态检修包括信息收集、诊断分析、状态评价、状态评估、检修策略、检修后评价、持续改进等工作流程。

5. 立式水轮发电机转子吊出应具备哪些条件？

答：（1）转子上部无妨碍转子吊出的部件，电气各引线均已拆开。

（2）发电机空气间隙测量完毕。

（3）伞式机组的推力头与转子中心体或主轴的螺栓、销钉已拆除（具备带轴吊装条件的转子除外）。

（4）水轮机转轮已固定牢固。

（5）悬式机组的发电机轴和水轮机轴的螺栓、伞式机组的转子中心体与发电机下端轴螺栓已拆除。

（6）顶起转子，制动器锁定投入，将转子落在制动器上。

（7）起吊轴、平衡梁已检查，平衡梁水平调整在规定范围内，转子吊装专用工具连接符合设计要求。

（8）起吊转子的桥式起重机电气和机械设备已全面检查

试验合格，有并车要求的应进行同步试验，动作可靠，定位准确。

（9）厂用电系统运行正常，供电可靠。

（10）转子检修场地已清理，基础板打磨平整，支墩布置到位，调整支墩楔子板高程在±1mm 范围内。

（11）转子吊装（含桥式起重机轨道）通道已清理。

（12）转子吊出引导木板条已准备好。

6. 试根据附图 2，在附图 3 中绘制轴承座三视图的右视图，并标注主要尺寸。

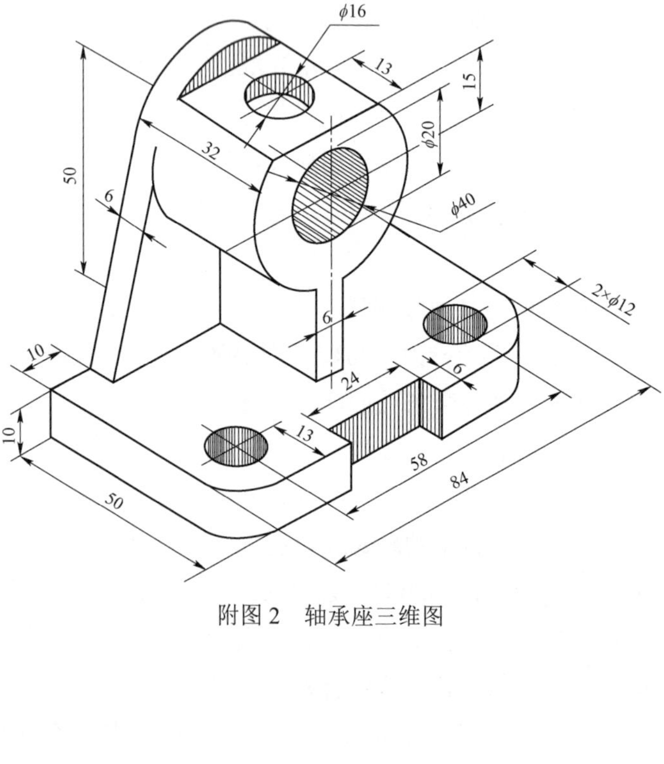

附图 2　轴承座三维图

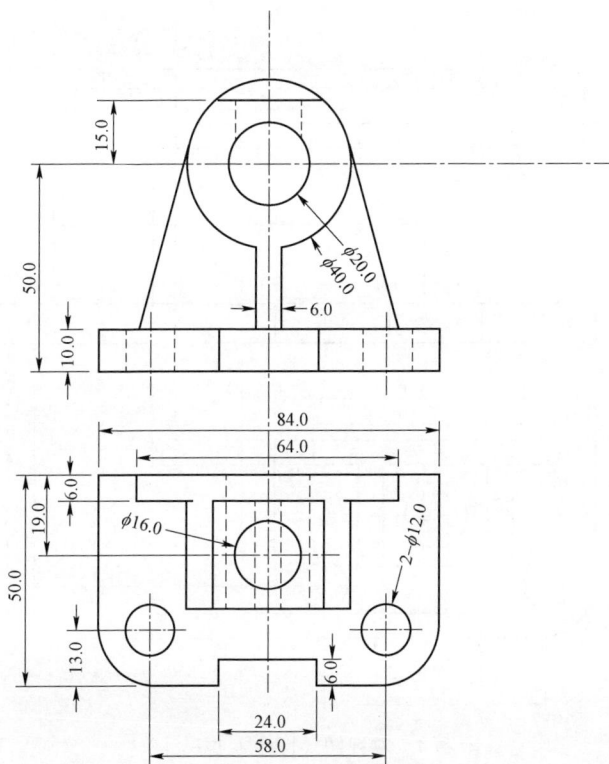

附图 3 轴承座三视图

答： 绘制轴承座三视图的右视图及标注主要尺寸如附图 4 所示。

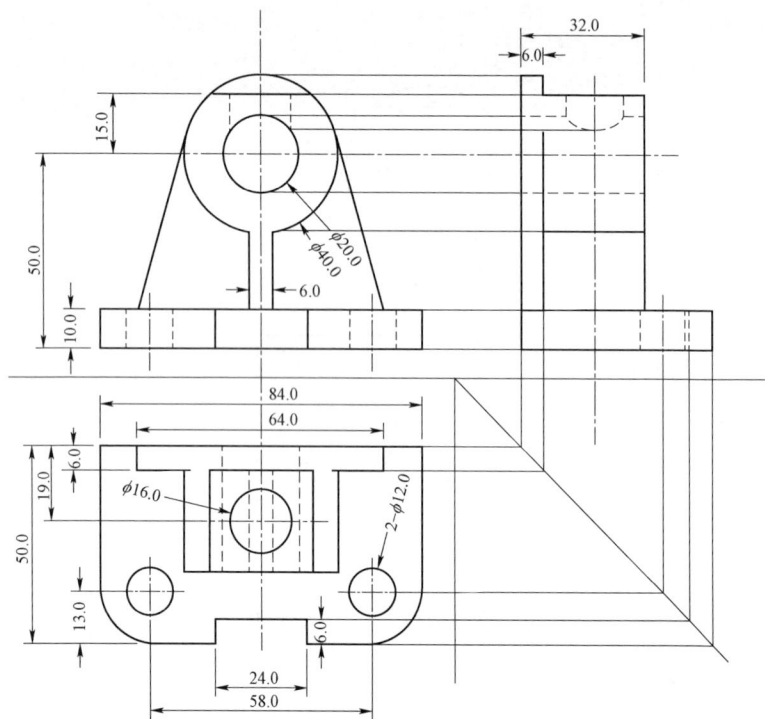

附图 4　右视图（标注主要尺寸）

五、论述题（2 题，每题 10 分，共 20 分）

1. 某悬式发电机组，已知上导轴承至法兰两测点距离 $L_1 = 3.8\text{m}$，法兰至水导轴承两测点的距离 $L_2 = 2.7\text{m}$，推力头直径 $D = 1.6\text{m}$，法兰直径 $d = 0.8\text{m}$，法兰处允许最大相对摆度为 0.03mm/m，水导轴承允许最大相对摆度为 0.05mm/m。

附表 **2** 为某次盘车记录数据，试进行盘车计算，并分析问题。

附表 2 　　　　　　盘 车 记 录 数 据　　　　　× 0.01mm

测点		1	2	3	4	5	6	7	8
百分表读数	上导轴承 a	− 5	− 3	− 2	0	− 2	− 2	− 6	− 8
	法兰 b	− 4	− 21	− 30	− 19	− 16	− 12	− 18	− 8
	水导轴承 c	− 3	− 9	− 31	− 11	− 10	10	20	13

问：（1）试计算上导轴承、法兰和水导轴承处的全摆度和净摆度。

（2）判断该机组轴线是否合格？

（3）如对该机组轴线进行整体处理，试确定修磨绝缘垫的最大修磨方位及磨削量（不考虑测点之间的最大值）。

答：见第五章案例分析 3 答案。

2. 某水力发电厂，机组型号为 SF230 − 60/14600，推力轴承为支柱式弹性油箱机构，推力瓦为弹性塑料瓦。2012 年 6 月开始投运，至 2015 年期间分别经过 1 次 B 修和 3 次 C 修，2016 年 B 修中检查推力瓦时发现 24 块瓦面均有发黑现象，有轻微的划伤情况，镜板表面有锈迹情况，如附图 5 和附图 6 所示。

附图 5 　瓦面发黑和划伤情况

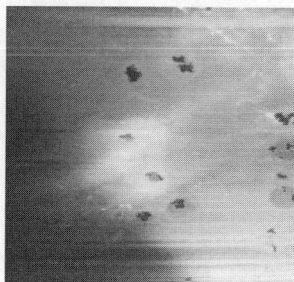

附图 6 　镜板表面锈迹情况

问：（1）试分析造成推力塑料瓦瓦面发黑和轻微划伤的原因有哪些方面。

（2）根据检修规范要求，试分析确定是否对瓦进行更换或处理。

（3）如需对瓦进行更换，根据检修规范要求，更换时应该注意哪些事项？

（4）试分析推力镜板表面产生锈迹的原因。在不吊出的情况下，如何对镜板进行处理？

答：见第五章案例分析 6 答案。